普通高等教育"十二五"系列教材

U0737983

建筑构成（第二版）

主　编　王中军

编　写　张岩鑫　张　颖　任　旭

主　审　类维顺

中国电力出版社
CHINA ELECTRIC POWER PRESS

内 容 提 要

本书是普通高等教育"十二五"系列教材。主要内容包括格式塔原理与形态设计基础，平面构成，空间构成，色彩构成等。本书着重讲解了与建筑密切相关的形态设计基础与空间构成原理，并与建筑设计、建筑史等专业课有机结合，内容通俗易懂，图文并茂，理论体系完整。

本书主要作为本科建筑学、环境艺术设计等相关专业的教材，同时又适用于高职高专建筑装饰工程技术、环境艺术设计等相关专业，还可作为函授和自考辅导用书或供相关专业人员参考。

图书在版编目（CIP）数据

建筑构成 / 王中军主编. — 2版. — 北京：中国电力出版社，2011.12（2022.1重印）

普通高等教育"十二五"规划教材
ISBN 978-7-5123-2560-9

Ⅰ. ①建… Ⅱ. ①王… Ⅲ. ①建筑设计—高等学校—教材 Ⅳ. ①TU2

中国版本图书馆CIP数据核字（2011）第281739号

中国电力出版社出版、发行
（北京市东城区北京站西街19号 100005 http://www.cepp.sgcc.com.cn）
三河市万龙印装有限公司印刷
各地新华书店经售

＊

2004年7月第一版
2012年3月第二版 2022年1月北京第七次印刷
787毫米×1092毫米 16开本 7印张 163千字
定价 45.00 元

前　言

形态构成是造型设计的基础，是教学构成的重要环节，对培养学生的创造性思维，改变学生机械模仿、抄袭的思维方式，训练学生从抽象到具象再到抽象的思维过程都有着无法替代的作用。

构成教育起源于"包豪斯"（Bauhaus）的造型基础教育，其目的是培养学生的创造性思维、审美能力和空间感觉，提高学生控制建筑外形及内部空间的能力。

本书由作者根据自身多年的设计经历、教学积累，提取了平面构成、色彩构成、立体构成的内容精华，综合了近几年教学实践中的心得，整理了部分师生的优秀作品，在2004年第一版的基础上，汇编而成。新教材的内容有大幅度的调整，图片得到充实与更新。

本书由长春工程学院王中军主编，书中第1章、第3章由深圳大学张岩鑫编写，第2章由吉林动画学院任旭编写，第4章由长春工业大学张颖编写。对他们的辛勤劳动表示真诚的感谢！另外，感谢同事、朋友和家人的大力支持，特别感谢吉林大学艺术学院的类维顺教授在百忙之中，抽出宝贵时间为本书审稿，也感谢王丽颖教授对本书提出的宝贵意见！书中色彩构成图片主要来源于长春工业大学学生作品，在此对收录作品的作者表示感谢！

在编写过程中，为求得本教材专业系统的完整性，作者引用并参考了相关书籍和资料，借此机会也向涉及有关书籍的作者一并表示衷心感谢！因水平所限，本书在内容及图片取舍、叙述深度等方面还存在不少缺点和错误，恳切希望使用此书的师生们提出意见和批评，以利今后此书的充实和提高。

2011 年 12 月 15 日

第一版前言

　　本书是根据作者多年来从事建筑设计、建筑构成研究和教学的经验，收集教学实践中的资料和部分师生的优秀作业汇编而成的。书中内容通俗易懂、图文并茂、理论体系完整，并与建筑设计、建筑史等专业课有机结合，适合高等院校建筑学、环境艺术等相关专业的师生参考。

　　近年来，关于三大构成（平面构成、色彩构成、立体构成）的书籍出版了不下十几种，内容已很全面。本书着重讲解与建筑密切相关的形态设计基础和空间构成原理，至于平面与色彩构成部分的详细内容可参照相关书籍。

　　书中第一章由王中军编写，第二章由胡议丹编写，第三章由毛开宇编写，第四章由姜宝莉、汪均立编写。另外特别感谢姜国祥先生在百忙之中，抽出宝贵时间为本书审稿。

　　因水平所限，加之编写时间较短，因此，本书在内容及图片取舍、叙述深度等方面还存在不少缺点和错误。恳切希望使用此书的同志们提出意见和批评，以利今后本书的充实和提高。

2003 年 11 月

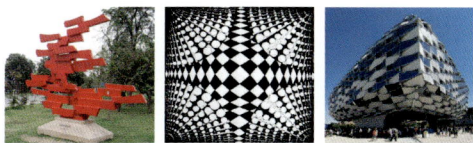

目　录

第1章　形态构成基础

构成，是近现代发展起来的一个造型概念，是造型、组合、形成、拼装、构造的意思，即从复杂的形态中提取纯粹的视觉要素加以分解、组合构造，并按照一定的秩序与法则将诸多造型要素组合成一种建立新的关系的视觉形态，是一种美的、和谐的结构关系的视觉组成形式。

事物包括形态和情态两个方面，其中形态指事物在一定条件下的表现形式和组成关系，属物体的外部特征之一，是物体内力运动变化的外在表现。形与态之间有着密不可分的内在关系，两者相辅相成，缺一不可。形态对造型有重要作用，如叙述物体内在结构及可视的外形，界定物体轮廓与外形等。二者在人的主观感受的影响下与人的意识情感达成交融。

建筑造型设计是在形态构成的基础上加上实用、美观、文化、技术等功能要求的构成。形态构成可以为建筑造型设计提供多种构思方法，为构思方案服务，也可为设计者提供最基本的设计造型依据、积累形象资料，以提高其造型能力，从而使形态的视觉表达更完善。

第1节　概　　述

一、形态构成的起源

我们要谈的构成与构成主义中的"构成"一词有很大区别。

构成的源流，首先是 20 世纪初在苏联开展的构成主义运动。构成教育起源于包豪斯（Bauhaus）的造型基础教育。1919 年 4 月 1 日包豪斯正式开学，德文全称是国立包豪斯。其中包（bau）是德文建筑的意思，豪斯（haus）是房屋的意思，这个房屋是指新设计体系。学院从成立到被迫关闭只有短短的 14 年时间，却培养出了一批领先于各个设计领域的优秀人才。包豪斯的艺术教育家们提出了"艺术与技术相结合"的教育理念，崭新的设计理论和设计教育思想是包豪斯成为现代设计发源地的重要原因。

二、形态构成的内容

构成主要有平面构成、色彩构成、立体构成三大构成。平面构成是基础，色彩构成依附于平面构成和立体构成，是形态构成的完善和升华，在后面的章节中，我们将对平面构成和色彩构成分别进行阐述。

立体构成是在三维空间中，把具有三维形态的要素，按照形式美的原则，进行组合、拼装、构造，从而创造一个符合艺术或设计意图的、具有一定审美品质和三维形态的构成。抽象性形态是立体构成中不断研究和挖掘的领域。但是，立体构成也绝不是对自然形态的完全否定，而是从主体出发，以人的感知为中心，从自然的形态中提炼出基本形态、要素加以分解和重组，创造出有观念有美感的立体形态的过程。

立体构成是由二维平面形象进入三维立体空间的构成表现，两者既有联系又有区别。联系的是：它们都是一种艺术训练，引导了解造型观念，训练抽象构成能力，培养审美观，接受严格的纪律训练。区别的是：立体构成是三维度的实体形态与空间形态的构成，结构上要符合力学的要求，材料也会影响和丰富形式语言的表达；立体要用厚度来塑造形态，它是制作出来的。因此立体构成离不开材料、工艺、力学和美学，它是艺术与科学相结合的体现。

立体构成的探求包括对材料形、色、质等心理效能的探求和材料强度的探求、加工工艺等物理效能的探求等几个方面。

立体构成是对实际的空间和形体之间的关系进行研究和探讨的过程。空间的范围决定了人类活动和生存世界的大小，而空间却又受占据空间的形体的限制，艺术家要在空间里表述自己的设想，自然要创造空间里的形体。

立体构成中形态与形状有着本质的区别，物体中的某个形状仅是形态的无数面向中的一个面向的外廓，而形态是由无数形状构成的一个综合体。

我们应该善于观察题材内在的视觉要素。当我们观察时，应该撇开一般特征，而把对象看作是形状、线条、明暗、颜色和立体物的结合体。

三、形态构成的要素

构成形态的要素主要包括基本要素、视觉要素和关系要素三个方面。

（一）基本要素

点、线、面、体和空间都是立体构成的基本造型元素，而其中点、线、面又是平面构成中的基本造型元素。但三维空间中的点、线、面都是具有体积的，都是具有形体感的空间形态。

1. 点

在三维的造型艺术中，"点"往往不作为独立的艺术表现，不具备独立性。立体的作品需要一定的体量，让观众感知，所以在作品中往往较小的立体形态成为一个点，而随着点的体量的增加，点的因素将消失，也可以说点的存在是相对的，一定体量的立体形态在较大的空间中成为了一个点，当我们走进这个"点"时，点则变成了体积（图1-1）。

图1-1

就本身的形而言，点具有多种造型形态，点的概念是由"点"和其他物体的相对关系来确定的（图1-2）。也就是说点在相对关系中扮演点和体两种角色。一个"小点"和一个"大点"放在一起时，小点成为点，大点成为体（图1-3）。当大点与更大的物体或环境在一起时，大点也成为点（图1-4）。点也可以说是单位体积占有空间最大的形体，这是因为点不具备方向性，它往往在无意识间使观者的视觉包容了更大的空间（图1-5）。点的有序排列往往使点失去了它的性格而变成线或面的感受（图1-6）。点的不规则性排列也使点具有了多重情感（图1-7）。点与方向性较强的立体形态在一起时，点则更像点，并扮演了类似音乐中休止符的角色（图1-8）。

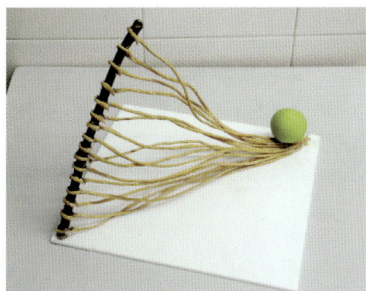
图1-2

图1-3

图1-4

图1-5

图1-6

图1-7

图1-8

在实际生活中，还有一些依赖于实体的界定而存在的点，这种点不是常规意识中的有物质性存在的有体积感的实点，例如洞之类的小空间，它是构成形态的狭小间隙，但也会给人以"点"的感受（图1-9，图1-10）。

图1-9

图1-10　大大小小的窗成了不同的"点"（嘉定新城实验幼儿园）

2. 线

几何学常常认为线是肉眼看不见的存在，线是点运动的轨迹。而在三维立体的空间里，线有多种形态的存在：钢索、铁轨、发丝、树枝、筷子等都给我们"线"的实际感受。在造型学上，有直观的线和非直观的线存在于线状物、单一面的边缘等。非直观的线存在于两面的交接处、立体形的转折处、两种颜色的交界处等。有时它是一个造型连绵的隆起；有时它还是一个造型连绵不断的凹陷，有时它是一个形体的边沿，依附形体而存在，有时它又是形体间的缝隙（图1-11～图1-14）。

图1-11

图1-12

图 1-13

图 1-14

线也具有连续性，我们可以把一条虚线看成一条完整的线，不论是以点的形式来构成，还是以间断的线的形式，只要它们的方向一致、相互贯通，我们都可以把它们联系起来构成一条线。线具有多种情感，并以鲜明单纯的情感，表现属性。人们对于线的情感指向的认识，如同对于其他有形的形体一样存在着理解和感觉上的共性。

很多构成因素都能让我们感觉到线的存在，它的形成由它自身形体的"高宽比"所决定，也与它存在的环境有一定的关系。

在三维空间中有规律性地出现方向基本相同的线，使作品趋向单纯与秩序性。随着线的宽度的增加，线逐渐消失，而出现面的感觉（图 1-15 ），随着线的宽度和高度的增加，线就逐渐变成了体（图 1-16 ）。

图 1-15

图 1-16

线，因为其有粗、细、直、曲、光滑、粗糙之分，给我们带来的心理感受也有所差异。粗线给我们刚强有力的感觉，而细线会给我们纤小、柔弱的感觉；直线给我们正直、刚强的感觉，而曲线会给我们圆滑、柔和的感觉；光滑的线条会给我们细腻、温柔的感觉，而粗糙的线条会给我们粗犷、古朴的感觉。因此，不同线的运用，对立体形态的整体效果的表达是不同的。

线的构成方法很多，或连接或不连接，或重叠或交叉，依据线的特性，在粗细、曲直、角度、方向、间隔、距离等排列组合上会变化出无穷的效果。同时不同的线具有不同的性格，例如：

水平线：直线中形态最单纯的线是水平线。人们观念中的水平线是人站立或活动于其上的线乃至平面。因此，水平线平坦地朝各个方向延伸，是负载物质，具有冷感的基线。寒冷和平坦是它的基调，宁静是它的秉性，它可称为表示无限冷运动的最简洁的形态（图1-17）。

垂直线：与水平线完全对立的是垂直线，高扬代替了平坦，暖和感取代了寒冷感。所以垂直线可以说是表现热情与崇高的最简洁的形态（图1-18）。

斜线：斜线有着双重性格：既有沉着稳定感，又无沉着稳定感。它可以产生明显的稳重或动势的紧张（图1-19）。

图1-17

图1-18

图1-19

曲线：水平曲线有波动或飞扬飘逸的感觉（图1-20）；垂直曲线有升腾、生长的律动感（图1-21）；自由性曲线既有轻松的感觉（图1-22），有时又有非常紧张的感觉，有时还会有一种辐射传输的感觉。直线和曲线的结合则会给人更多的感受（图1-23）。

图 1-20

图 1-21

图 1-22

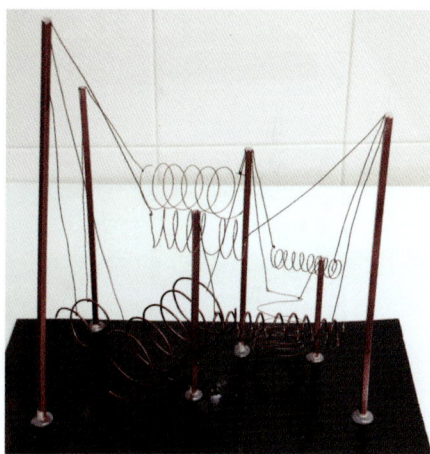

图 1-23

3. 面

面是组成形体的基本因素。一扇门、纸箱的六个面、地面、桌面、叶片都给我们面的实际感受。面在造型学上的特点是表达一种形，是由长度和宽度两个维度所共同构成的二维空间（它的厚度较弱）。与颜色中有三原色一样，面有三种基本的形：正方形、三角形和圆形。正方形的特点是表达垂直和水平；三角形的特点是表达角度和交叉；圆形的特点是表达曲线和循环。由此派生出来的长方形、多边形、椭圆形等都离不开三种基本形的特点。面的种类很多，但面的外轮廓线最终决定了面的外貌。在组成形体的过程中，面扮演着从属的角色，有时也会独立发挥作用。在一般情况下，面占有着它所面对的空间，但当面形成一定的角度时，它具有了体的特色（图1-24）。面也具有多种形式，它是由线的秩序排列形成的面（图1-25）。面与线结合，可构成体积和空间，其构成形态也突显了它们彼此的特征（图1-26）。

图1-24

图1-25

图1-26

面的形式很多，但它的基本性质是不会变的，那就是围合空间构成体积或负体积（图1-27）。面通过挤压或拉伸也会产生更多的变化。

4. 体

当我们将一个六面体的盒子打开时，盒子会显现出"面"的特征。当我们将其闭合时，它又显现出"体"的特征。体是由面围合而成的，这种围合就像我们用六块板做一个立方体一样，要求每一个边相等，拼合起来要严丝合缝，一旦看到缝隙，也就看到了板的厚度，体的特征就会立即消失。这是面构成的空心体，当我们将形体面积等大的面不断累加时，也会产生体的感受。所以说，面是构成体的基础，面的倾斜角

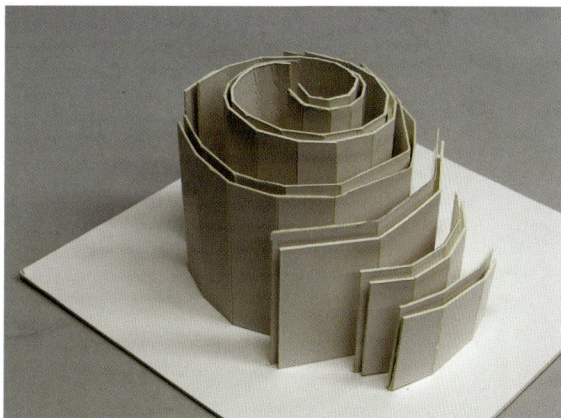

图 1-27　围合

度的变化，造成了体的形态上的变化，也就产生了有意味的造型。在构成体的过程中，面的形态也是多种多样的，它从属于体的形态和情感的需要。

体的形态是无穷无尽的。不同形态的体，给人的感受亦不同。

简单的体的形态：以简洁的形体来表现"体"在构形中的规律性，体本身与构成因素相互统一（图 1-28）。

复杂的体的形态：追求形态的多变，往往在形体的外部处理上有意象的成分，体在某种程度上具有"不确定"成分（图 1-29）。

图 1-28

图 1-29

对比体的形态：在形体中追求对比的表现手法。

实际上，任何形态都是一个体。体在造型学上有三个基本形：球体、立方体和锥体

（图 1-30 ～图 1-32）。而根据构成的形态区分，又可分为：半立体、点立体、线立体、面立体和块立体等几个主要的类型。半立体是以平面为基础，将其部分空间立体化，如浮雕；点立体即是以点的形态产生空间视觉凝聚力的形体，如灯泡、气球、珠子等；线立体是以线的形态产生空间长度的形体，如铁丝、竹签等；面立体是以平面形态在空间构成产生的形体，如镜子、书本等；块立体是以三维度的有重量、体积的形态在空间构成完全封闭的立体，如石块、建筑物等。

图 1-30

图 1-31

图 1-32

半立体具有凹凸层次感和各种变化的光影效果；点立体具有玲珑活泼、凝聚视觉的效果；线立体具有穿透性、富有深度的效果，通过直线，曲线以及线的软硬可产生或虚或实、或开或闭的效果；块立体则有厚实、浑重的效果。在立体构成中，根据需要，恰当运用各种立体，能使作品的表现力大大增加。

5. 空间

空间是由点、线、面、体占据或围合而成的三度虚体，具有形状、大小、材料等视觉要素，以及位置、方向、重心等关系要素（图1-33）。空间是实体之外的虚体的部分。在立体的构成要素中，空间是一个非常重要而又常常被忽视的要素。空间的效果直接受限定空间的方式的影响，如在建筑中，主要是由墙面、地面、屋顶所限制（图1-34）。

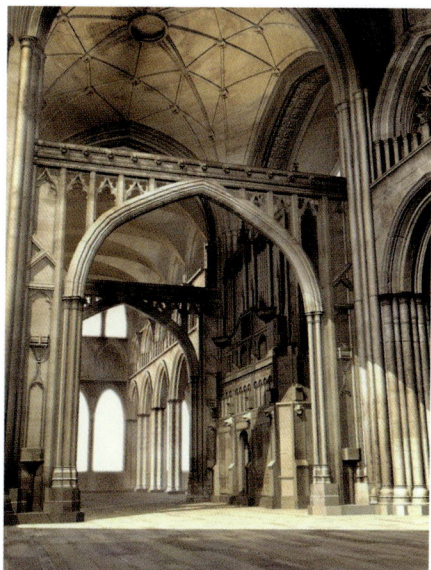

图 1-33

图 1-34

空间和物质形态的存在是相互的，物质形态依存在空间之中，空间也要依赖物质形态来确定。通常物理空间又称实空间。心理空间也称虚空间，是指空间的心理感受，它是物质形态的空间实体（物理空间）向四周的扩张或延伸的结果，即实体空间以外的空间部分，是一种空间的联想。它不是物质存在的，但却是可以感知和领悟的。闭合与开敞是空间的正负反映，是人类生活的私密与公共性的需要。空间的闭合程度对人们的心理空间有着直接的影响（图1-35），全封闭的空间给人以明确的领地感，私密、安全、隔离感，尤其是当人处于面积较小的全封闭空间时这种作用力更为明显。部分开敞的空间更具有方向性（图1-36）；明暗与光影变化，加上空间本身与外界的联系，减少了空间限定的压力，使空间感有所扩大（图1-37）。全开敞的空间更减少了限定空间的面之间的作用而与四周物体发生了明显的力的作用，形成了更为强烈的连续感和融合感（图1-38）。

图 1-35

图 1-36

图 1-37

图 1-38

（二）视觉要素

视觉要素是指视觉最直接感知到的形体本身的属性，包括形状、大小、色彩和肌理等，任何点、线、面、体在实际形态中都必须具有一定的形状、大小、色彩、肌理、位置、方向等视觉要素，这也是形态设计借以进行变化、组织，以形成多变的形态的要素。

1. 形状

形状反映对象的特征，是认识和区别对象的主要依据。常见的空间在二维上呈现为规则的几何形，如方形、圆形、角形等，是具有典型特征的基本几何形态，其他的形态都是从基本形态衍生出来的。人对空间形态的追求和探索出现了多元化趋势，在几何形的基础上进行变异、加工、重组，构成了丰富的建筑形式（图 1-39）。

2. 色彩

在各种视觉要素中，色彩是最敏感和最富有情感的要素，它对于形态有重要的意义，可以给形体表面增加大量的信息。不同的色彩，给人不同的知觉，引起不同的美感、情绪。色彩还具有象征和激发人联想的作用，合理而适当地应用色彩可以使建筑形态更加完善（图 1-40）。

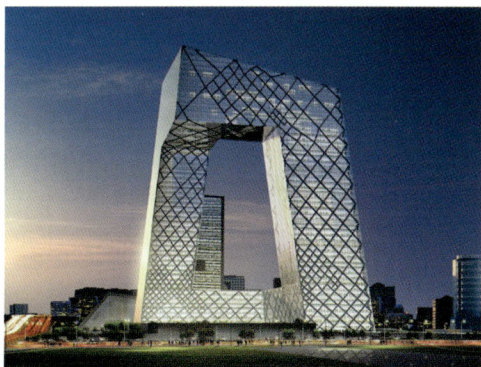

图 1-39

图 1-40　亮丽的纯色使街头的小品活泼而醒目

3. 质 感 与 肌 理

　　质感是物体表面质地的特性作用于人眼所产生的感觉，也可认为是质地的粗细程度在视觉上的感受（图 1-41）。肌理则可以分为视觉肌理和触觉肌理来理解。视觉肌理可以理解为物体表面的色彩和花纹所造成的肌理效果，只能用眼睛分辨出其特征；触觉肌理则是指物体表面的光糙、粗细、软硬等起伏状态不同所造成的肌理效果，要通过触觉来感知（图 1-42）。在建筑形态设计中，有意识地把各种表面上重复的构建从起伏编排的肌理角度进行组织，会获得更好的视觉效果（图 1-43）。

图 1-41

图 1-42

图 1-43　表面上重复的造型编排的肌理

4.尺度

尺度是建筑物整体或局部构件与人或人熟悉的物体之间的比例关系，及其这种关系给人的感受（图1-44）。尺是表达一定空间效果的重要手段。比例和尺度是两个紧密联系的建筑特性，人对建筑的比例观各不相同，但对于尺度来说，人的感受却大致是相同的。不同的尺度表达会引起不同的情感，如宏伟高大、朴实亲切、精致细腻等不同的美感。在空间的三个量度中，高度对空间的尺度感影响最大。建筑空间构成要考虑人体尺度与整体尺度之间的联系，两者之间的不同处理会产生不同的空间效果。

图1-44　尺度（人是建筑尺度最主要参照物）

5.比例

比例的目的是在各要素中建立秩序感与和谐感。一套比例系统能够在建筑物的局部之间以及局部与整体之间建立起一套具有连贯性的视觉关系，同时可使建筑形态中的众多要素具有视觉的统一性，能够使空间序列具有秩序感，加强连续性。

除以上之外，光及空间的围合程度等的影响都会给予空间不同的效果和表情。

（三）关系要素

位置、方位、视觉惯性等是形态的关系要素，表示各形态之间的相互关系。

1.位置

主要是指形态所处的环境。环境对建筑形态气氛和形式有很重要的影响，一个合适的环境，能够增加建筑形态的感染力。

2. 方位

方位即形态的方向。变换视角，形态会呈现出不同的面貌。同时，人与形态之间的距离决定形态视觉上的大小。

3. 视觉惯性

视觉惯性指形态的集中程度和稳定程度。视觉惯性取决于形态的几何性，以及与地面、重力和人的视线相关的方向。

四、视觉心理

（一）完形心理

完形心理是格式塔（德文是"Gestal"，中文译为"完形"）心理学的核心内容，格式塔心理学又称完形心理学，认为：形体是完整统一的，强调直觉的能动作用，各种形态在空间中的关系是相互影响的有机整体。

格式塔心理美学有以下几个基本特征：

1. 格式塔心理美学的完形特征

完形有三个特点：第一，完形必须是一个整体，各个部位之间有一种内在联系，形成不可分割的有机整体。整体要由各个要素和成分构成，但不能把完形分解成各个成分，它的特征和性质是从原来的构成成分中找不出来的。没有多余的部分，没有令人不舒服的地方，"整体大于部分之和"。由于在集知觉而成意识时，多加了一层心理组织。所以知觉的心理组织，才是最重要的。以四条等长的直线构成正方形为例，我们所得到的知觉不是等长的两横线和两直线之和，而是一个完整的正方形；四直线之外，另加了一层"完形"意义。

2. 格式塔是力的结构

完形追求的是一种平衡，力的蕴涵、运动都围绕着平衡进行。这种平衡，是力的平衡、动态的平衡、活的平衡。力的运动和平衡是格式塔心理美学的两大基石。

3. 从客体方面讲，格式塔是结构；从主体方面讲，格式塔是组织

格式塔的活动原则有两个：一个是简化，一个是张力。简化是以尽量少的特征、样式把复杂材料组织成有秩序的力的骨架。简化以分层、分类、忽略等多种方式，走向知觉上的动态平衡。动态平衡的基础在于张力。点、线条、面的结合，色彩的对比、过渡，其中蕴含着内在的"倾向性的张力"，一幅摄影作品是静态的，但我们能够感觉到其中的各个部分之间的内在紧张的运动，比如草原上一株树的向上长和向下扎的力量。

4. 表现是完形过程中固有的特征

造成表现性的基础是力的结构。格式塔心理学的核心主张是"不是用主观方法把原本存在的碎片结合起来的内容的总和，或主观随意决定的结构。它们不单纯是盲目地相加起来的、基本上是散乱的难于处理的元素般的'形质'，也不仅仅是附加于已经存在的资料之上的形式的东西。相反，这里要研究的是整体，是具有特殊的内在规律的完整的历程，所考虑的是有具体的整体原则的结构。"

一般来说，优秀的造型艺术作品（包括建筑作品），因为符合人的直觉规律，具有艺术性，因而是一种生命的形式。而他们无一不是格式塔。

（二）图与底

图即形，图的存在，必伴有使其感觉为图的地带，图是显而易见的，并且能令人明确感知。所以图也是被描绘的形象在画面内所呈现的形状。

底是图与画面边界间的区域，伴随着图而存在。底又是隐性的，一般不会感觉到其具体的形式。所以图形和画面边框间为背景称为底。

图与底有以下的特点：

（1）轮廓线的封闭性——在这里被封闭的形容易看作是图，其他封闭包围这个形的则容易看作是底。

（2）面积的因素——一样的条件下，较小面积的部分容易看作是图，较大面积的部分容易看作底。

（3）位置因素——当面积差别不大时，凸出部分易看作图，凹的部分易看作底。

（4）视觉因素——统一且整体的形比零散的形易称为图。

（5）对称性——在画面中，对称性越强的部分越容易成为图。

（6）单纯性——轮廓线愈单纯的区域愈易成为图。

（7）有具象联想的部分容易成为图；明暗、色彩对比度较为强的形容易成为图；有动感的形易成为图。

图与底两者之间通过相互制约，相互作用形成一定的张力，使它们能够在构图中最大限度地发挥其能量（图1-45～图1-47）。

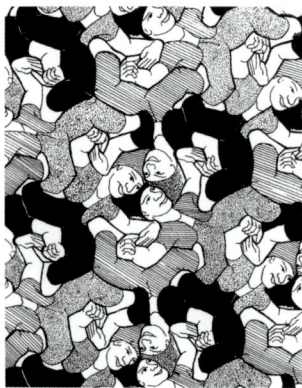
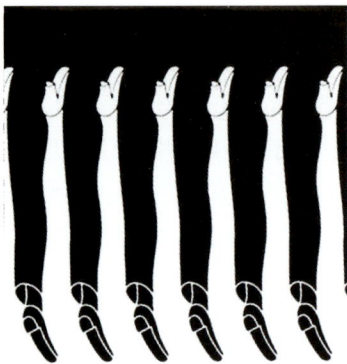

图1-45　　　　　　　　图1-46　　　　　　　　图1-47

（三）错觉

错觉是知觉恒常性颠倒时产生的对客观事物不正确的知觉。错觉有分空间错觉、运动错觉、听觉错觉、心态错觉、视觉错觉等。其中，视觉错觉是错觉中最多、最常见的。如日出日落时分，太阳显得又近又大；雨过天晴，山林、建筑因清澈而近，暮色中微亮的西边天空显得要比幽暗的建筑群近；成语"以假乱真"、"鱼目混珠"都是视觉错觉的现象。

几何图形错觉是视觉错觉的研究对象。它分为长度视错觉、分割视错觉、对比视错觉和变形视错觉。

1. 长度视错觉

图 1-48（a）中长度相等的垂线与水平线，错视为铅垂线比水平线长。同样，图（b）中的正方形，总有竖边长于横边的错觉。图（c）、图（d）中，相等的两条线段，因两端的附加要素不同，而产生了线段长度的错视，又称缪勒—莱依尔错视。

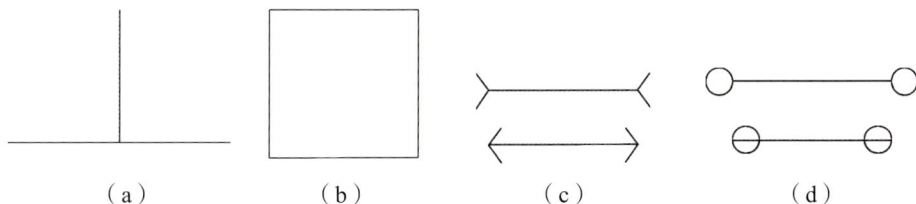

（a）　　　（b）　　　（c）　　　（d）

图 1-48　长度视错觉

2. 分割视错觉

图 1-49（a）中，斜线有相错的感觉，又称波根多夫（Poggcndoff）错视；图（b）中被分割的正方形，显得很高；图（c）中等长的两条对角线显得不等，又称为桑德（Sander）错视。

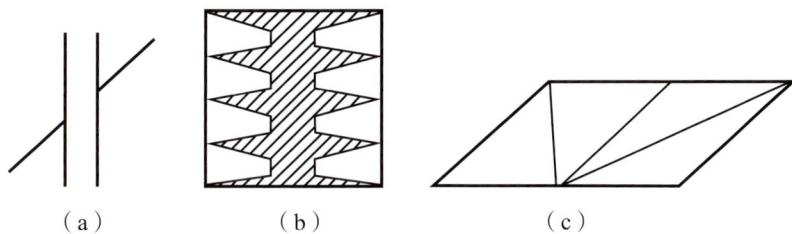

（a）　　　（b）　　　（c）

图 1-49　分割视错觉

3. 对比视错觉

图 1-50（a）中大小圆分别相等，但对比中产生不等的感觉，又称戴波卡夫（Delbocuf）错视；同样图（b）中，中间圆相等，但对比后感觉不等，又称艾宾浩斯（Zbbinghaus）错视；图（c）中，平行二线段等长，但与二斜线对比中显得上方线长，下方线短，又称尼卓（Ponzo）错视。

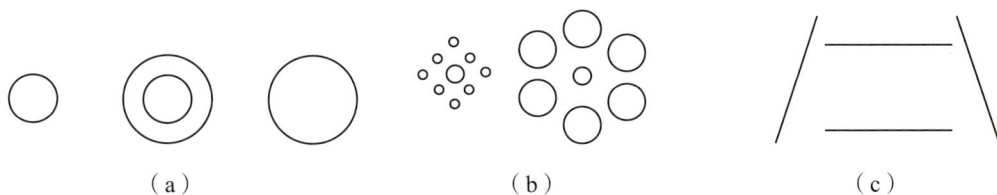

（a）　　　（b）　　　（c）

图 1-50　对比视错觉

4. 变形视错觉

图 1-51（a）、（b）中，平行二直线段，被一组发射状线干扰后，显得弯曲且不平行，又称为海林错视；图（c）中，正方形受同心圆干扰，显得内弯，又称奥比索（Orbison）错视。图（d）中，六段平行线，受短线干扰，显得不平行，又称佐尔纳错视。

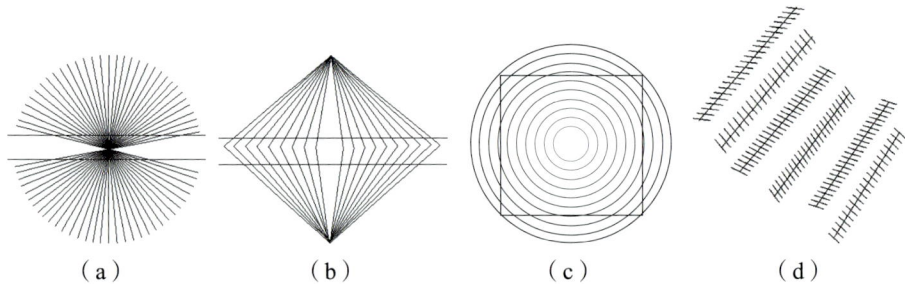

（a）　　　　　　（b）　　　　　　（c）　　　　　　（d）

图 1-51　变形视错觉

第 2 节　形 态 构 成 基 础

一、形态特征

建筑形态的含义是较为广泛的，很难明确定义。建筑形态属于人工形态，即便是穴居、巢穴、窑洞等原始形态的建筑，也是人工化了的，部分利用自然形态，有经人改造加工的痕迹。虽有自然性因素，但它仍是形态要素按一定的方法与规则所构成的、具有抽象形式的人工形态。

1. 要素

建筑形态是一种人工创造的物质形态。它是在基本形态构成理论基础上，对建筑形态构成的特点和规律的探求。为便于分析，把建筑形态同功能、技术、经济等因素分离开来，作为纯造型现象，抽象、分解为基本形态要素——点、线、面、体。

2. 基本型

（1）连续线材构成（图 1-52）

垂直线型　　　　　　　　斜线型　　　　　　　　曲线型

图 1-52　连续线构成

（2）单位线材构成（图 1-53）

垒积构成　　　　　桁架构成　　　　　线框构成

图 1-53　单位线材构成

（3）群线构成

群线构成分为平面线群（图 1-54）和空间线群（图 1-55）。

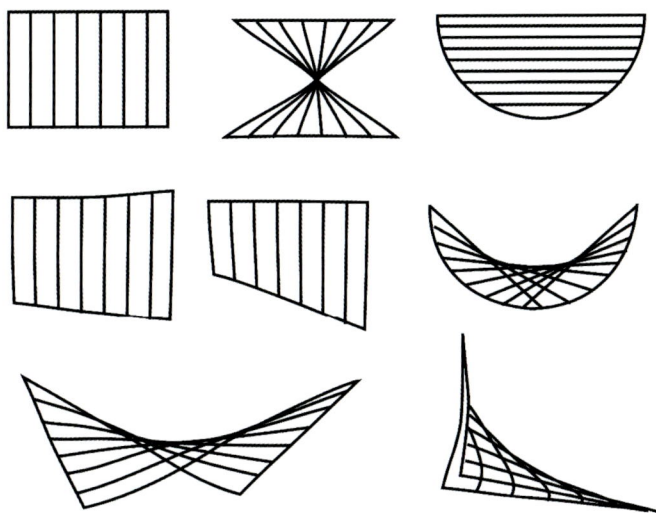

图 1-54　平面上连接的线群

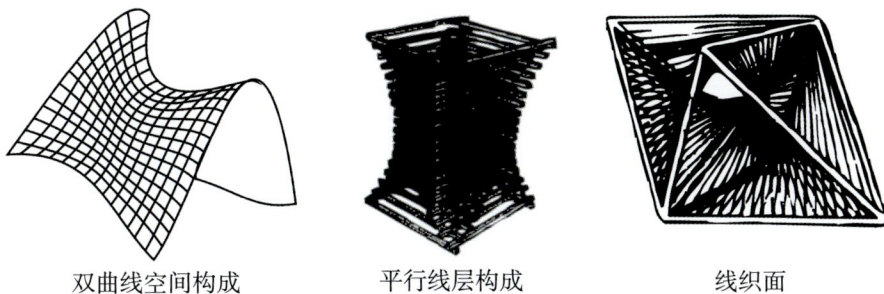

双曲线空间构成　　　平行线层构成　　　线织面

图 1-55　空间线群

（4）面的构成

面的构成包括柏拉图多面体（图 1-56），阿基米德多面体形态（图 1-57），基本多面体形态（图 1-58），棱柱体基本形态与变化（图 1-59）。

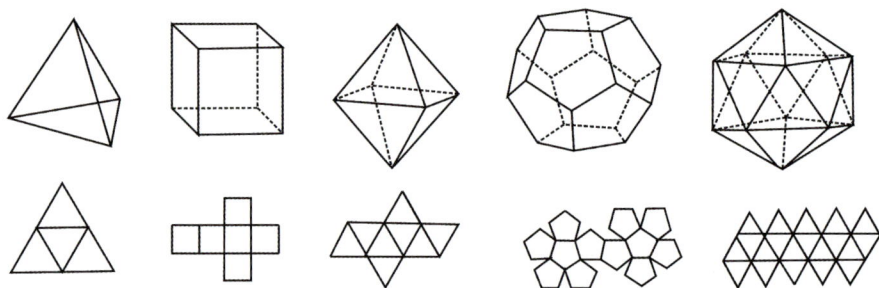

图 1-56　柏拉图多面体的五种形态

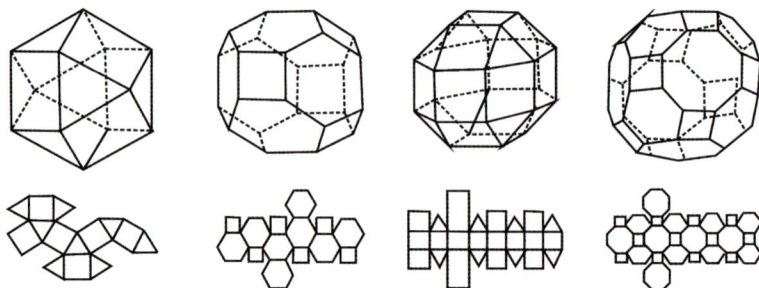

图 1-57　阿基米德多面体形态举例

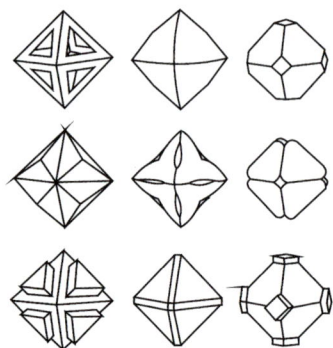

图 1-58　基本多面体形态变化　　图 1-59　棱柱体基本形态与变化

（5）屏障结构

屏障结构是立方体在垂直和水平方向重复构成的结果（图 1-60）。

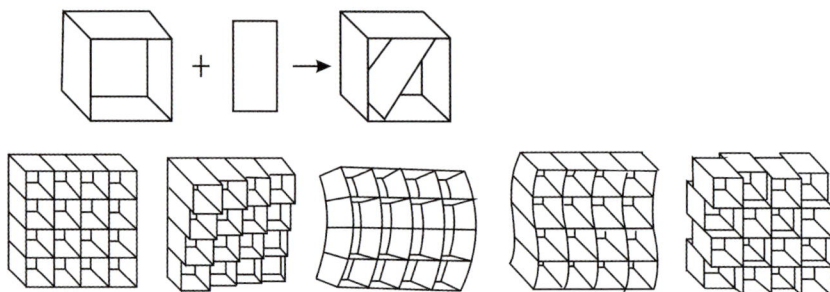

图 1-60　屏障结构

（6）柱体结构组合

柱体结构组合，即柱体自身长短或形状变化，作简便排列（图1-61）。

（7）球体结构组合

球体结构组合，即由球体多面体自身加工构成新形或多面体积聚构成（图1-62）。

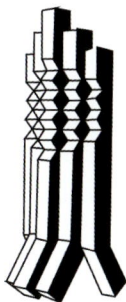

图1-61　柱体结构组合　　　　　图1-62　球体结构组合

（8）块材分割与积聚

块材构成的基本方式是分割与积聚（图1-63～图1-65）。

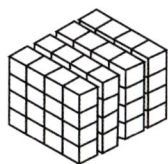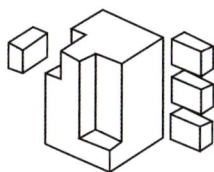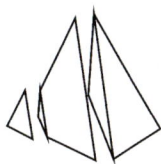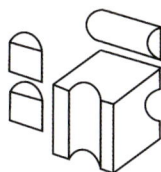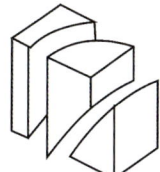

　　等形分割　　　　　　比例分割　　　　　　平行分割　　　　　　曲面分割　　　　　　自由分割

图1-63　块材分割

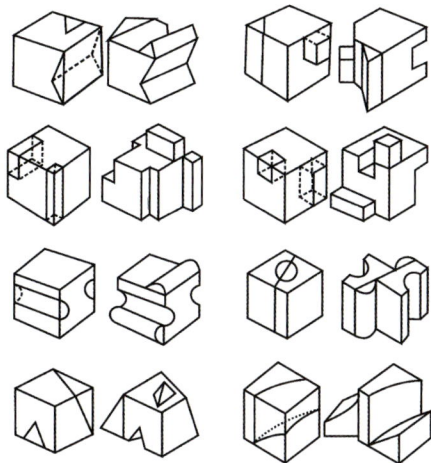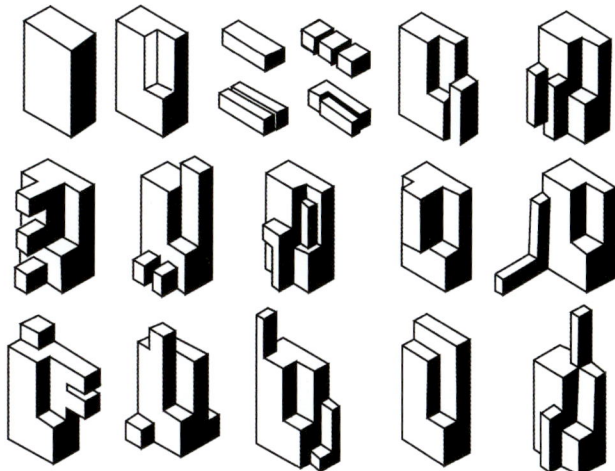

图1-64　立体分割积聚　　　　　图1-65　长方体分割积聚

（9）单位块材积聚构成

1）单位块材构成方式，包括两个单位块材积聚（图1-66）、分层变化（图1-67）、层内排列变化（图1-68）。

2）重复形积聚，如图1-69所示。

3）对比形积聚，如图1-70所示。

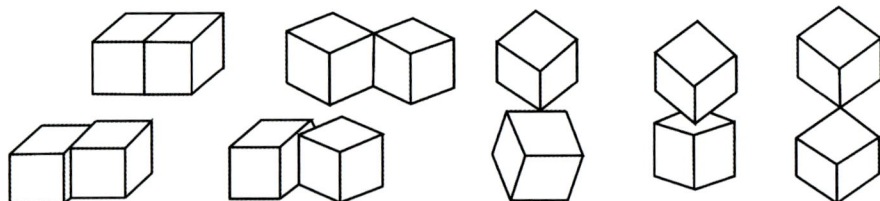

图1-66　两个单位块材积聚

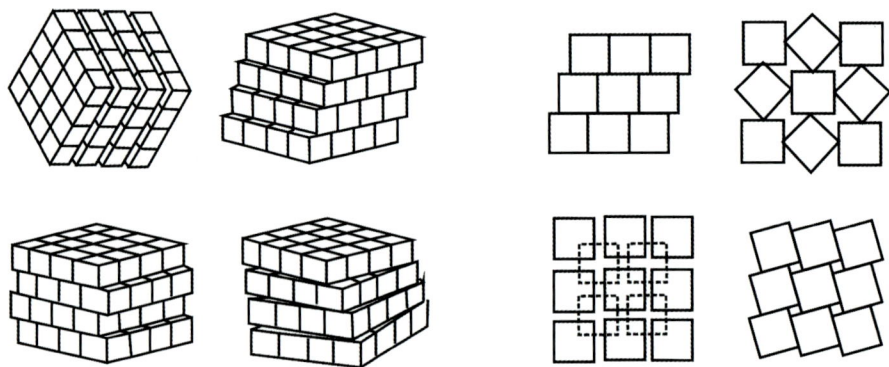

图1-67　分层变化

图1-68　层内排列变化

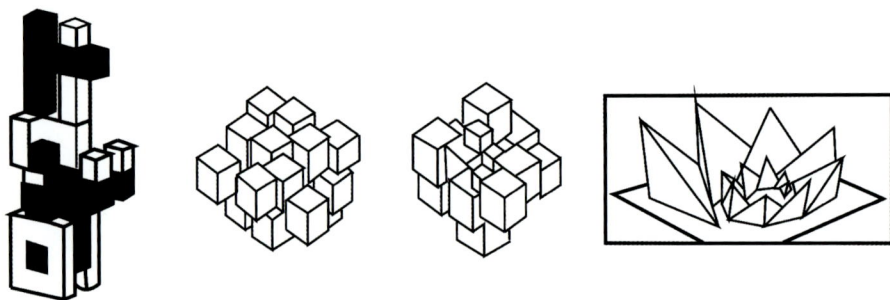

图1-69　重复形积聚

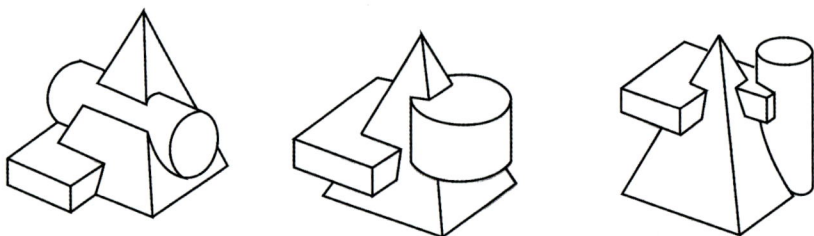

图1-70　对比形积聚

二、形态与材料

1. 材质的影响力材质的影响力

材质影响造型形态的视觉、触觉效果。在三维造型中，材料与质地对视觉、触觉感受产生直接的、重要的影响。通过对各种材料的初步接触和对某一种材料深入的个性化研究与开发，去认识材料的特征与可塑性，获取对材料多种形式的表现力的开发和对材质的运用与把握的能力。

三维空间造型形态与二维空间造型相比，最重要的区别就是材料的介入，作为三维空间造型的基本物质元素，材料在三维形态中起着举足轻重的作用。材料本身的质地特征、体积特征以及它可能产生的结构组织特征都对造型有直接的影响（图1-71~图1-75）。

图 1-71

图 1-72

图 1-73

图 1-74　厦门源昌凯宾斯基酒店

图 1-75

2. 材料的视觉效果和心理感受

（1）从材料的形态方面看

点材具有活泼、跳跃的感觉；线材具有长度和方向，在空间中能产生轻盈、锐利和运动感。由于线材与线材之间的空隙所产生的空间虚实对比关系，可以造成空间的节奏感和流动感，因此，给人以轻快、通透、紧张的感觉；面材的表面有扩展感、充实感；侧面有轻快感和空间感；块材是具有长、宽、高三维空间的实体，它具有连续的表面，能表现出很强的量感，给人以厚重、稳定的感觉。因此，同一材料的不同形态的表现会产生风格迥异的效果。以线材表现轻巧空灵；以块材表现厚重有力；以面材表现单纯舒展。我们可以从设计的目的出发，正确选择材料的形态。

另外，点、线、面、体四者之间的关系是相对的，其中任一超过一定的限度，都会改变原有的形态，向其他三者进行转化。如，点材朝一个方向的延续排列便形成线材，线材平行排列可形成面材，面材超过一定厚度又形成块材，块材向一定方向延续又变成线材。因此，在形态立体构成设计中要通过把握形态变化的尺度，以表现设计的形态构成。

（2）从材料的质地、肌理方面看

不同的材料会产生不同的视觉效果和心理感受。即使同一形态，采用不同的材料也会产生不同的效果和感受。如：同是面材，金属板使人感觉冰冷、坚硬；玻璃板使人觉得透明、易脆；木板让人感到温暖、舒适；塑料板让人感到柔韧、时髦。表面光洁而细腻的肌理让人觉得华丽、薄脆；表面平滑而无光的肌理给人以含蓄、安宁的感觉；表面粗糙而有光的肌理让人感觉既沉重又生动；表面粗糙而无光的肌理，给人感觉朴实、厚重（图1-76～图1-79）。

   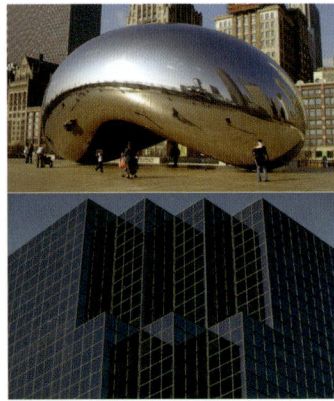

图1-76　　　　　图1-77　　　　　图1-78　　　　　图1-79

材料（Material）是形态构成的物质基础，离开了物质材料，形态构成的创造性思维就难以在现实中实现。形态立体构成中的立体造型要依赖于物质材料来表现，物质材料的性能直接限制了形态立体构成的形态塑造，同时，物质材料的视觉功能和触觉功能是艺术表达中重要的组成部分，它赋予了材料肌理不同的心理效应，比如粗糙与细腻，冰冷与温暖，柔软与坚硬，干燥与湿润，轻快与笨重，鲜活与老化等。

物质材料不仅决定了形态立体构成的形态、色彩、肌理等心理效应还直接影响着形态立体造型的物理强度、加工工艺和加工方法等物理效能。不同材料的物理特性：软与硬、干与湿、疏与密，以及透明与否、可塑与否、传热与否、有弹性与否等，都会直接影响和限制形态立体构成的制作和加工，从而间接限制了立体构成的设计构思。这就要求在进行立体构成设计时，材料的选择、应用和加工工艺是必须要考虑到的。所以，对材料的了解、材料的加工以及新材料的寻找和发现是立体构成学习与实践中不可忽略的重要内容。

立体造型形态的组织关系：

①并列（图 1-80）　②连接（图 1-81）　③相叠（图 1-82）④相拥（图 1-83）

⑤相围（图 1-84）　⑥穿插（图 1-85）　⑦分割（图 1-86）⑧错位（图 1-87）

⑨堆积（图 1-88）　⑩镶嵌（图 1-89）　⑪旋转（图 1-90）⑫凹凸（图 1-91）

⑬虚实（图 1-92）　⑭起伏（图 1-93）　⑮包含（图 1-94、图 1-95）

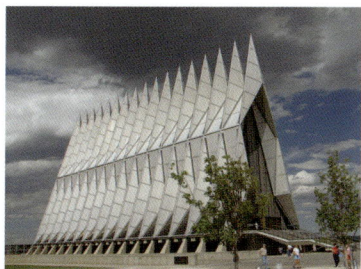

图 1-80　并列

图 1-81　连接

图 1-82　相叠

图 1-83　相拥

图 1-84　相围

图 1-85　穿插

图 1-86　分割

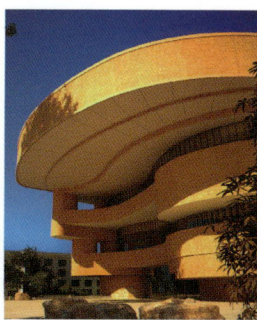

图 1-87　错位

图 1-88　堆积

图 1-89　镶嵌

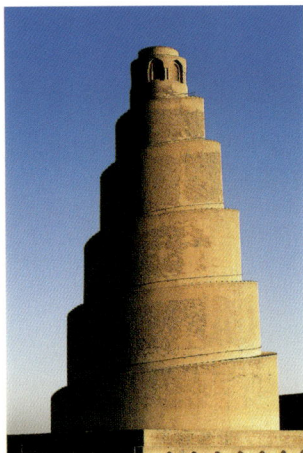

图 1-90　旋转

图 1-91　凹凸

图 1-92　虚实

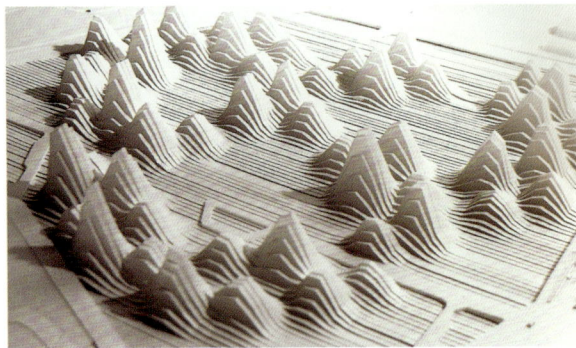

图 1-93　起伏

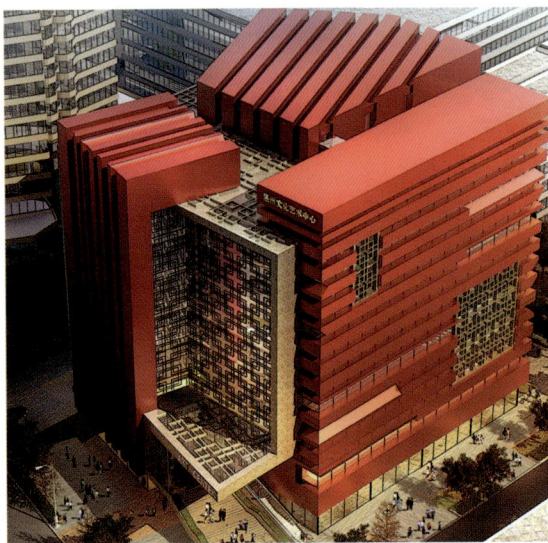

图 1-94　包含

图 1-95　包含

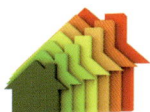

第2章 平面构成

第1节 概　述

平面构成，源于西方自然科学和哲学认识论的发展，20世纪建立在最新发展的量子力学基础之上的微观认识论，当时人们更为关注事物内部的结构（图2-1），这种由宏观认识到微观认识的深化，也影响了造型艺术规律的发展。在我国，平面构成基础课程的出现是在1942年成立的圣约翰大学建筑系，它作为艺术设计基础教育内容的引进，可以说是我国现代设计的一个里程碑。平面构成以一个全新的造型观念，给我们的艺术设计行业注入了新鲜的血液。它的融入，大大地拓展了设计艺术的视觉领域，丰富了设计的思维及表现手段。

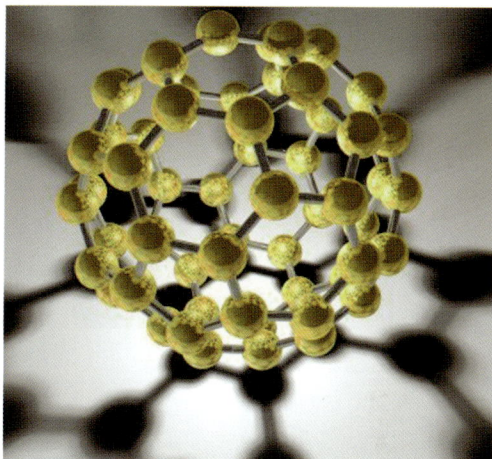

图2-1　原子

一、平面构成的概念

平面构成是抽象出形式美本质的艺术，它舍弃了事物的现实形态，精取事物美的形式，把组成图像的基本单位归纳为点、线、面，并且按照一定的秩序和法则从具体形象中抽取了事物的精粹再重新分解和组合构成，以形式为主要表现对象来感染欣赏主体，给人以抽象的、理想的审美享受。

平面构成是一个近代造型概念，它探讨的是二度空间的视觉文法，其含义是指将不同或相同形态的几个以上的单元重新组合成为一个新的单元构成对象的主要形态，包括自然形态、几何形态和抽象形态，并赋予其视觉化的、美学的、力学化的观念。其构成形式主要有重复、近似、渐变、变异、对比、集结、发射、特异、空间与矛盾空间、分割、肌理及错视等骨骼形式。

二、平面构成特点及学习目的

平面构成是按一定的原理设计、策划的多种视觉形成，是一种思维方式的训练。其终极目标在于创新思维的开发和培养，从更深的层次理解形式美的原理与法则。系统训练各种构成技巧和形式手法，为提高设计综合能力打下坚实的基础。对于培养形象思维能力和设计造型能力具有重要的意义。

要让同学们领略平面构成的美感，最直观的方法莫过于联系生活，用现实生活中的范例来启发学生，如建筑中的墙壁瓷砖、地板或地砖的排列充满了平面构成中的重复、骨骼、肌理等效果（图2-2）；河流梯田的曲线美，高山草原的壮丽美等（图2-3）。只有感受到其中的美，才能产生兴趣，激发出创作的欲望。

图2-2　闽南民居

图2-3　梯田

第 2 节　平面构成中的形象与基本要素

一、形象的正负

在平面上出现的形象通常叫做图，而衬托图的部分则称为底，若感觉图在前，底则为背景，这种图就是正的形象。双重意象的产生在于观众将注意力更多集中在图形或背景上，或者说是在看画的局部或是整体。图的特征包括：有明确的形象感，给人强烈的视觉冲击力，在画面上较为突出。

图与底应该是一种相互依存、相互映辉的关系，它们之间是互相转化的关系。比如鲁宾杯（图2-4），即双重意象，用最简单的设计技术创造了经典的视觉效果——人脸、杯子之间的转换，是创意和平面理论的高度结合。创意的产生来源就是利用了人类的视觉既观察局部又观察全部，当你注意正形图时，负形底消失为背景，相反，则图底转换了，典型的例子好友中国的阴阳太极图（图2-5）。

图2-4　鲁宾杯

图2-5　太极图

二、形象的分类——抽象形，具象形

1. 抽象形

抽象形包括有机形，几何形和偶然形。

有机形：指有机体的形态，如有生命的生物细胞。特点是有规律的，有生命的韵律。

几何形：应用最多也很常见，抽象而单纯。视觉上有理性明确的感觉，但缺少人情味。这种理念抽象的形态被大量运用在建筑（图2-6），绘画及实用美术设计中，因为它不仅仅便于现代化机器生产，并且更具有时代的美感。

偶然形：指自然的或人为无意识的，偶然形成的形状。如地形、白云、残缺的碎片等。

2. 具象形

具象形分为自然形和人为形。

自然形：指大自然中固有的可见的状态。如人、动物、植物、河流、山脉等（图2-7）。

人为形：人类创造的形态。如建筑、交通工具、器具、符号等。

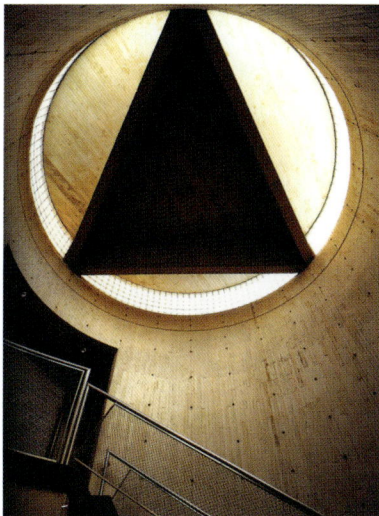

图 2-6　路易斯康建筑　　　　图 2-7　大自然的形态

三、基本要素

在构成中，点、线、面是造型元素中最基本的形象。由于点、线、面的多种不同的形态结合和作用，就产生了多种不同的表现手法和形象。关于点、线、面、体的内容在第1章里已经作了介绍，这里针对平面构成，仅作简单补充。

1. 点

点是相对的产物，两个物体体积相差悬殊时，较小的一方即可看做点。形象越小点的感觉越强，反之则有面的感觉。从形态上说，圆点即使较大仍会给人点的感觉［图2-8（a）］，一个圆点在平面上的位置不同，也会让人产生不同的感觉。点在正中，给人的感觉是稳定和平静。移动到其他位置，就会产生动感和强烈的不安定的感觉。反之将点移到正方形

的中部以下，则给人一个非常平稳安定的感觉［图2-8（b）］。

点由于周围环境变化会产生不同的感觉。明亮的点比同样大小的黑点显得大［图2-8（c）］；如周围是小的点，中间点就会显得大；如周围的点大，则中间的点就会显得小；上下两个同样大的点，上方的点显得大于下方的点（图2-9）。

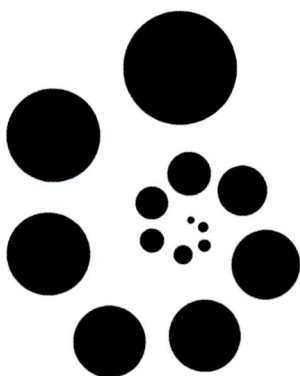
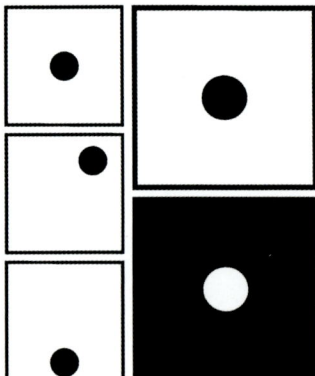
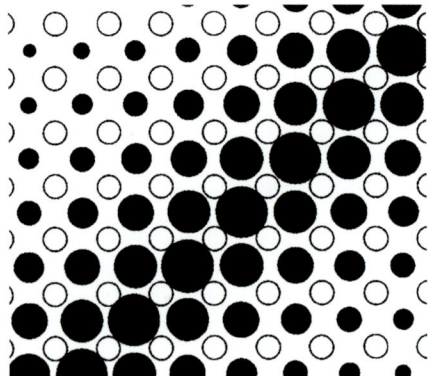

（a）　　　　　　　　（b）　　　　（c）

图2-8　构成中的点有大小　　　　　　　　　　　　　　图2-9

点的密集靠近，就形成了线的感觉（图2-7）。在哥特式建筑中，点尤其通过角的形式突出出来，中国古建檐口的"点"则密排成优美的曲线（图2-10，图2-11）。

图2-10　哥特式建筑　　　　　　　　　　图2-11

2. 线

与点相比，线有了方向性。线如按照一定的规律等距离排列会产生出灰面的感觉（图2-12）。不同形状的线等距离排列，将会产生凹凸效果（图2-13）。线的疏密排列，粗细变化，还可形成了远近空间（图2-14）。灵活的运用线的错视可使画面获得意想不到的效果，但有时则要进行必要的调整，以避免错视所产生的不良效果。

3. 面

在平面构成中，点的密集或者扩大，线的聚集和闭合都会生出面。面是构成各种可视形态的最基本的形。面是具有长度、宽度和形状的实体。它在轮廓线的闭合内，给人以明确、突出的感觉。

　　同样大小的圆感觉上面大下面小、亮的大些暗的小些。用等距离的垂直线和水平线来组成两个正方形，它们的长、宽感觉并不一样，水平线组成的正方形给人的感觉稍高些，而垂直线组成的正方形则给人感觉稍宽些（图 2-12）。

图 2-12　规律的线排成了面

图 2-13

图 2-14

面本身是具有长度与宽度的一种形态，无论这种形态是规则的还是非规则的，它在两度空间中总有着比点与线更强烈的表现力。也许它由无数的点密集组合而成，也许它由无数的线排列而成，但它在视觉上是一种完整的形态，这就是构成中所指的面。

第3节 骨格与基本形

平面构成中，骨格是支撑构成形象的最基本的组合形式，是构成图形的骨架和格式。骨格起到编排形象和管辖形象的空间作用。形象经过人为的构想，排列出各种宽窄不同的框架空间，把基本形输入到设定的骨格中以各种不同的编排来构成设计。

基本形是构成图形的基本单元，形象比较简练，可用圆形、方形等做基本形。在平面构成中，常把基本形在骨格的格线内进行分割、转换等手法处理，形成有机的组合（图2-15）。

骨格的类别很多，主要有以下几种。

作用性骨格：作用性骨格是使基本形彼此分成自由单位的界限。骨格给形象准确的空间，基本形在骨格单位内可自由改变位置、方向、正负，甚至越出骨网格线，这种情况下，基本形越出的部分被骨网格线切割掉，基本形产生变化，作用性骨网格线不一定都表现出来，可以在整体构图中作灵活取舍，使基本形彼此联合，产生丰富变化（图2-16）。

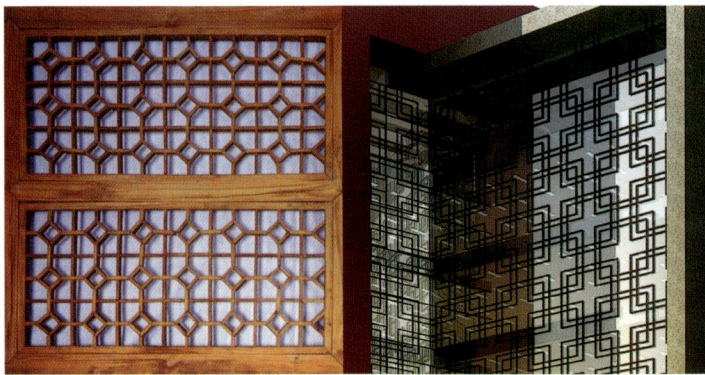

图 2-15　　　　　　　　　　图 2-16

非作用性骨格：非作用性骨格是概念性的，它有助于基本形的组合排列，但不影响它们的特征形状，也不会将空间分割为相对独立的骨格单位（图2-17）。

规律性骨格：规律性骨格有精确严谨的骨网格线，有规律的数字关系，基本形按照骨格排列，有强烈的秩序感。如重复、渐变、发射等（图2-18）。

非规律性骨格：非规律性骨格没有一定的规律，是由规律性骨格随意和自由地衍变而成，它具有极大的任意和自由性。没严谨的骨网格线，构成方式自由（图2-19）。

形象骨格：骨格与形象重复。

图 2-17　　　　　　　　　图 2-18　规律性骨格　　　　　　　图 2-19　非规律性骨格

第4节　平面构成的方法

一、重复构成

　　在同一设计中，相同的形象（基本形）与骨格重复排列，形成有秩序美的效果，称为重复构成。

　　基本型和骨格的形状都是多样的，但骨格线的距离是相等的。骨格决定了基本形在构图中的关系，骨格变化会使整体构图发生变化（图 2-20）。在构成中使用同一种基本形的构成图面称为基本形重复。

二、渐变构成

　　渐变也称渐移，它是以类似的基本形形成骨格渐次地循序渐进的逐步变化，显现一种有阶段性的、调和的秩序。这种表现形式在日常

图 2-20　重复

生活中是极为常见的，它是符合发展规律的自然现象，如海螺的生长结构，呈现一定的比例关系（图 2-21）。又如月亮的盈亏、音波的传播和水纹的运动等，都是有秩序的渐变过程。

　　渐变是多角度、多层次的，有大小的渐变、间隔的渐变、方向的渐变、位置的渐变、形象的渐变或色彩、明暗的渐变等。这些渐变现象在视觉效果上会产生三次元的空间感 [图 2-22（a）、（b）]。

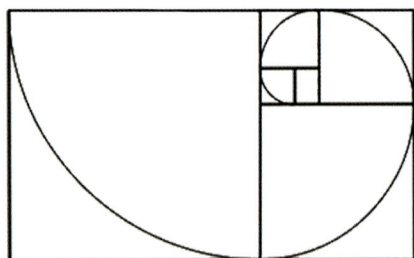

（a）

（b）

图 2-21　渐变——鹦鹉螺

图 2-22　渐变

三、近似

　　近似是指形象在形状、大小、色彩、肌理等有着共同的特征，它表现了在统一中呈现生动变化的效果。近似的程度可大可小，近似的程度越大越能产生重复的感觉，近似程度越小就破坏统一的感觉，失去近似的意义。近似给人的感觉是同类族的关系（图 2-23）。

　　在形状的近似构成中，一般先找一个基本形作为原始材料，在此基础上作一些形的加减、变形、正负、大小、方向、色彩等方面的变化，要注意变化的强弱，不能没有一点近似的因素，要保持同类族的关系（图 2-24）。此外，也可用两个基本形相互加减，可构成不同的近似形状。

图 2-23　近似的形体（灞上人家 刘克成工作室）

图 2-24　近似

近似基本形的变化很多，常见是同一类的基本形变化。即同一类形的形状、物体或同一用途的东西，如：同一圆形，但有变化（图 2-25）。相同形状的物体，如各种不同的眼睛、同一用途不同形状如数字或符号（图 2-26）、相同种类的物体如各种蔬菜等。

图 2-25　近似

图 2-26　近似

在构成中要注意近似与渐变的区别，渐变的变化是规律性很强的，基本形的排列非常严谨和理性，而近似构成的变化规律性不强（图 2-27），基本形和其他视觉要素的变化较大，比较活泼，如数学上的无限循环与无限不循环（图 2-28）。

图 2-27　近似

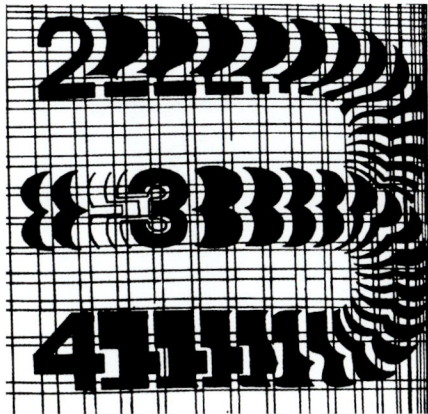

图 2-28　近似

四、发射构成

发射可以说是一种较特殊的重复性造型，因重复的形成重复的骨格的每一单元都围绕一个共同的中心，而构成发射的图案。发射常具有渐变的特殊视觉效果，当重复的形成骨格单元环绕中心点时，是根据渐变方向后排列的，因此发射亦可说是另一种形式的渐变造型（图2-29）。

鲜花的结构、太阳的光芒等都称之为发射。发射构成有离心式、向心式、同心式、移心式、多心式发射等多种形式。同心式的变化很多，如多圆中心、螺旋形等（图2-30，图2-31）。

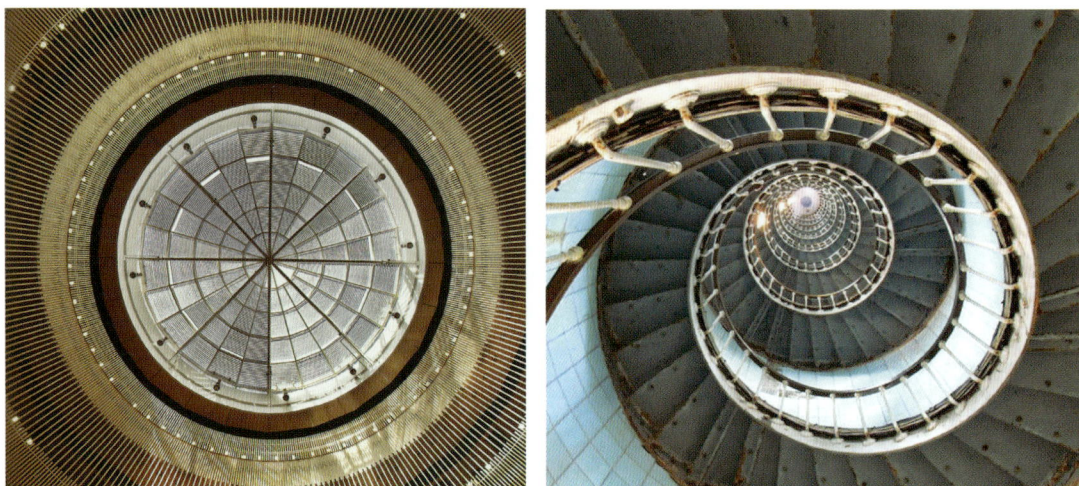

图2-29　发射

图2-30　发射   图2-31　多心式发射

五、特异

构成要素在有秩序的关系里，有意违反秩序，使少数个别的要素显得突出，以打破规律性，叫特异。

特异构成是具有比较性的，夹杂于规律性之中。特异部分不应数量过多，应选择放在画面中比较显著的位置，形成视觉的焦点。打破单调格局，使人惊奇。特异的效果是比较中得来的，通过小部分不规律的对比，在视觉上更容易一起人的注意，形成视觉焦点，打破单调，以取得构成画面生动活泼的效果（图2-32）。

图 2-32　阿里巴巴总部杭州 HASSELL

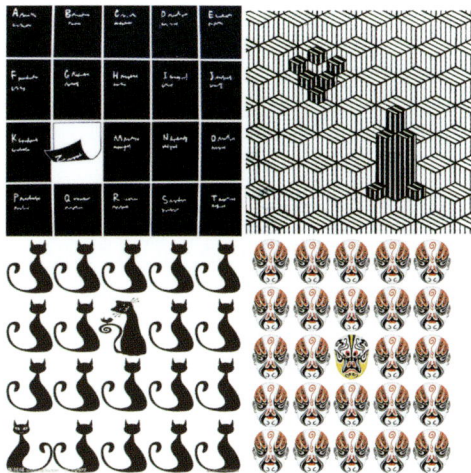

图 2-33　特异

所谓规律就是指重复、近似、渐变、发射等，变异就在这些规律中产生出来。基本形的特异以大小比例、色彩加强、位置变化、形状突变成焦点效果等，大部分规律中小部分突变，即保持规律又增强画面的生动感，达到变化与统一（图 2-33）。

六、密集

密集在设计中是一种常见的组织图画的手法，基本形在整个构图中可自由散布，有疏有密。最疏或最密的地方常常成为整个设计的视觉焦点，在画面中造成一种视觉上的张力，并有节奏感。密集也是一种对比的情况，利用基本形数量排列的多少，产生疏密、虚实、松紧的对比效果（图 2-34）。如：城市建筑物都结集在城市中心，距中心愈远则愈稀疏（图 2-35）；人群和水中的鱼群等都是密集的例子。

密集指设计的骨格方面，可分为三大类：

（1）近似发射：可有假设的发射中心点，基本形环集中心点，或由中心点射出（图 2-36）。

图 2-34　密集

图 2-35　密集

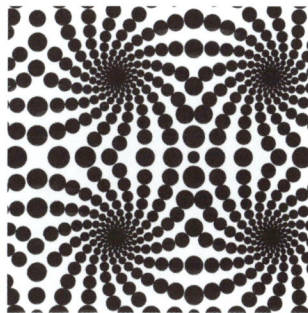

图 2-36　密集

（2）近似渐变：可假设视觉中心，基本形向它结集。

（3）近似重复：基本形挤迫或分散，各占近似空间。近似重复的结集是不定的，画面内不预置什么，设计时随意构成疏密有致，可有焦点及渐移的处理。

注意：基本形的面积要细小，数量要多，否则便没有了密集的效果。

七、肌理

肌理又称质感，是不同材料和构造的物体表面给人感官上不同特征的总称。由于物体的材料不同，表面的排列、组织、构造各不相同，因而产生粗糙感、光滑感、软硬感。如岩石、水纹、皮毛、塑料等质感各不相同（图2-37）。因此，肌理对于我们生活的环境有着密切而重要的影响。肌理可分为纯视觉性和触觉性。视觉性肌理是指平面上各种不同的花纹，无须由触觉感知。

图 2-37　肌理

平面构成中，常用自然构成的方法，如：喷洒（图2-38）、擦刮、熏、流滴、拓印（图2-39）、印染（图2-40）、拨色、蜡上用色渍染、盐与水色（图2-41）、压印等。

在建筑设计中，设计师常会用到建筑材料本身的肌理与质感表达设计师的设计情感与设计理念（图2-42）。

图 2-38　喷洒肌理

图 2-39　拓印

图 2-40　印染

图 2-41　撒盐

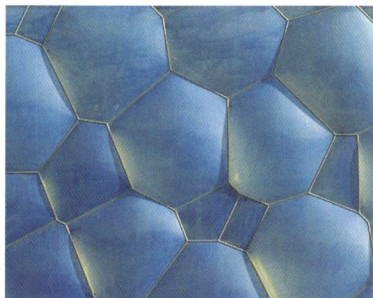

图 2-42　建筑表面肌理

八、错视与矛盾空间

　　错觉是现实存在的，但不经过学习和训练，人们往往会视而不见。如初升的太阳显得比正午的大，实际上是一样大的，只是它在地平线上升时显得距离近些的缘故。设计师既要体验实际空间，又要通过两维图纸研究可能形成的空间。两维图纸与三维空间总有出入的（图2-43），人们经过长期实践，总结了不少错视的基本现象，说明人们所感知的并非事物的正确源头，而是歪曲了其相互关系。当人们注意到这些现象后就可以避免它，并调整设计的各部分关系（图2-44，图2-45）。

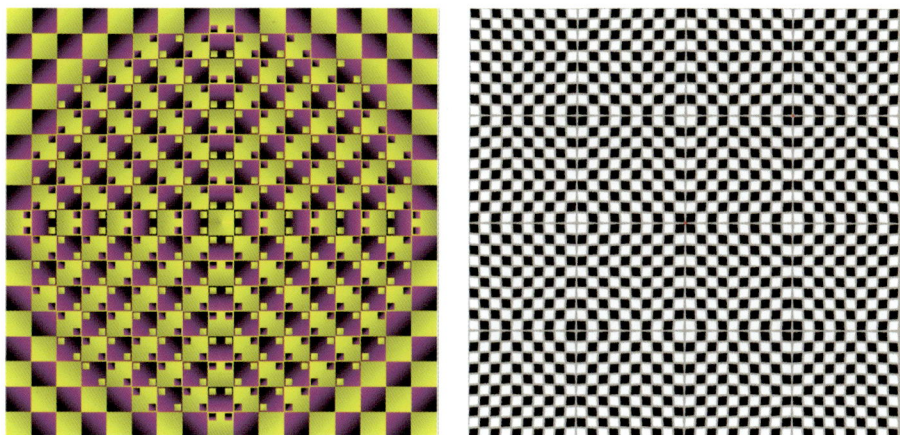

图 2-43　错视现象

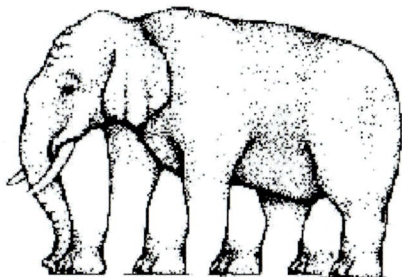

图 2-44　错视——大象有几条腿

图 2-45　错视

　　矛盾空间在平面构成里，指现实生活中不存在，在二维空间里运用三维空间的平面表现形式错误地表现出来的称为矛盾空间。矛盾空间的形成通常是利用视点的转换和交替，在二维的平面上表现了三维的立体形态，但在三维立体的形体中显现出模棱两可的视觉效果，造成空间的混乱，形成介于二维和三维之间的空间（图2-46）。矛盾空间具有表现多视点的特性，多数是应用在艺术设计上，可以算是数学也可以算是美学（图2-47）。

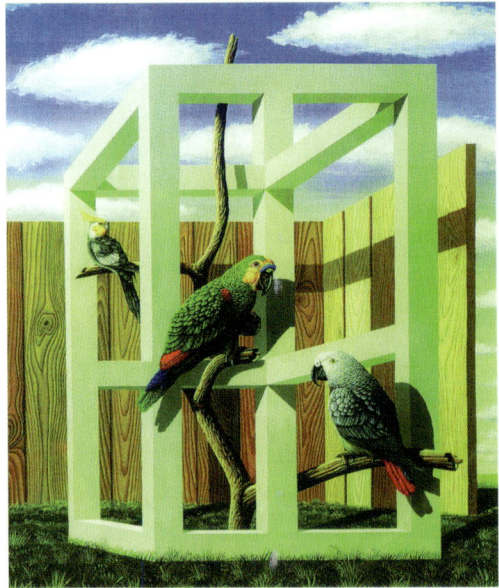

图2-46　矛盾空间

图2-47　矛盾空间

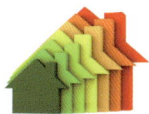

第3章 建筑空间构成

第1节 建筑空间形态认识

一、空间的形成

空间是客观存在的，没有任何限定，"空间"的概念是抽象的，同时也是虚无的。一般认为空间就是实体以外的部分，空间是无形的、不可见的，是和实体相对的概念。人类进行营造活动的最初目的就是为了获得可以利用的空间。在建筑中，使用设立和围合等手法把点、线、面等元素进行组织、构成空间。历经千百年的发展，在建筑技术和建筑艺术迅速发展的现代社会，建筑类型众多，形态也变化多样，建筑的空间性仍然是建筑最基本、最重要的属性。因此，我们要确定一个空间，首先要把某个局部空间从整个大空间中界定出来，构成特定的空间范围。

产生内部空间的同时，会形成外部形体，对外部空间有一定的影响、限定作用。因此既要注意实体材料围合的内部空间，又要考虑形体之间的外部空间，空间和实体是建筑空间内涵的两个方面。实体与虚空的关系、建筑本身、建筑群体之间、建筑与城市之间的空间关系等方面都是空间形态研究的对象。

二、空间的类型与形态

1. 按形式分

按形式分，可分为单一空间与复合空间。

形式设计中的空间形态是由实体限定而形成的。两个以上的实体界面之间的部分，在一定的距离条件下，会给人的视觉带来一种张力感，在两个实体界面距离越近的情况下，这种张力感就越强。这种现象，在专业中被称为场性，而这种场性现象在形式设计中就被称为空间。实体界面不同的限定形式产生了不同的多种形态的空间形式。

2. 按限定程度上分

空间形态在形式设计理论中基本分为三大类型，即封闭空间，开放空间和中界空间。如果有六个实体界面围合起来的形态，其外部就叫主体，内部就称为空间。而这种被实体界面完全围合起来的空间形态就叫做封闭空间。假若被少量实体界面限定的空间有较大的开放部分，我们就称之为开放空间。用空间的内外关系来区分，又会产生一个中界空间，这就是在空间中有顶界面而没有围合界面的情况下，可称之为中界空间或过渡空间，也称半开敞空间。这种状况在建筑空间中表现得非常明显，如雨篷、阳台、外廊等，它们既不是封闭的内部空间也不是开放的外部空间，而是两类空间的过渡形态。

3. 按空间限定要素分

在实形态的表情中，形态的方向、大小、体量、形式、构成关系都会对人产生一定的心理影响。同样，这些要素在虚形态的空间中，也会对人产生心理影响。空间按空间限定要素也可以分为有限空间（有边界限定）和无限空间（宇宙）。

4. 按空间位置分

按空间位置分内部空间、外部空间。建筑物限定内部空间，改善或创造外部空间；纪念碑等只有外部空间。

第 2 节　建筑空间构成要素

基本形态要素包括点、线、面、体。

一、点

作为基本形态要素，点是形态构成中的最小形式单位，有着多变的表现形式，而它在建筑平面和空间形态中起着不同的作用。

（一）点的性质

点是小的，这里所说的小是相对的（图3-1）。在城市设计和规划中，很大体量的建筑物也可以被看作点。形态构成意义上的点不是只有位置、没有大小的抽象概念，它有形状、大小（面积、体积）、色彩、肌理等特征。当一个形与周围的形相比较小时，就可以看成是一个点。点还可以表示大小，它的大小是与其放置的环境对比而

图 3-1　巴黎大学生住宅开窗因大小不同而形成不同形式的"点"

言的。点越大，点的特征越弱。相反其特征则越强。点的知觉与其形态有关，集中的、收缩的、连贯的、闭合的形态容易从背景中独立出来，形成点的感觉。

（二）建筑中的点

建筑空间形态构成中，点通过位置、大小和背景的色差，以及距视觉中心的距离，体现形态力，影响观看者的心理，产生前进或后退、膨胀或收缩等不同的视觉效果（图3-2）。

图 3-2　中国古建屋檐的椽头呈现密集的"点"

1.点的构成形式

点在建筑形态构成设计中，有规律性构成与非规律性构成两种：

（1）规律性构成

规律性构成指建筑形态构成中各点要素的有序构成形式，其要素之间常呈几何形的排列与组合，又被称之为封闭式的构成。

（2）非规律性构成

非规律性构成指建筑形态构成中各点要素的自由构成形式，其要素之间要求聚散相宜、疏密有致、大小相同、高低错落，又称之为开放式构成。

2.点的位置

（1）点在线上

1）端点。端点存在于线的起始或终结处，棱角的顶端，建筑柱头、柱础、塔式建筑的顶部，圆锥、角锥的顶点等部位，这些端点以及夜晚广场灯柱上的点，都有点的特征。重视与发挥端点的作用，对引导人们视觉关注有重要作用。

2）节点。线的交接处称为节，具有区分线段、连接过渡、承受变化等多种功能。在建筑中，道路交叉处的广场、廊道交汇的门厅或过厅、梁柱的交结处等建筑的形体空间汇聚或交结的地方都可看成节点。

（2）点在面上

1）平面中的点。对于整个建筑形态来说，体积较小的形体会具有点的特征。如花坛、水池、树木、雕塑等都可以看成点。

2）立面中的点。点一般是间隔分布的，具有明显的节奏，有活跃气氛、重点强调、装饰点缀等功能。建筑立面中最富有表现力的是窗洞，常自然分布形成点式构图。建筑立面上大面积密布的点窗，在城市景观中可以呈现出质感的效果（图 3-3）。我国传统建筑点的形态非常多，如门钉、滴水等。呈现随意状态分布的点会带来自由跳跃的感觉，沿着直线或曲线排列的点兼有线的方向感和点的活泼感。点密集排列成平面或曲面时，会使点丧失原有的特性而呈现出一定的质感。

（3）点在空间中

空间中点的体积有大有小，形状多样，可排列成线，放射成面或堆积成体。

3.作用

（1）强调

点要素具有加强位置的作用。如在对称式构图的建筑中，形态本身已具有均衡的效应，若在建筑立面轴线位置加上一个点状的装饰图案，该建筑的轴线关系就会被强调出来。

（2）中心

当一个空间里只存在一个点状要素时，无论是何种形状，人都会在心理上认为它是中心，并起到控制整个造型空间的作用。

（3）方向

当点成线状进行排列与组合时，就会产生方向感。例如建筑外立面的窗户，若以点状形态竖向排列，会产生竖直的方向感；若横向排列，则会产生水平的方向感。

图3-3　中钢国际广场立面窗的韵律（马岩松）

二、线

线是决定一切形象的基本要素，建筑中千变万化的线造型构成了丰富的建筑形态。

线的基本特点

1.形成

点的运动成为线，点是自然静止的，线则能够在视觉上表现出方向、运动、速度和生长。线的长度可以看成是点的运动的结果，运动支配着线的性格，不同的运动赋予线各种各样的性格。当形的长宽之比较大时，可以视为线，线在视觉上表现为"长"的特征。线有宽窄之分，长度与宽度的比值越大，线的特征越强；比值越小则特征越小。

2.构成方式

（1）分割

线的分割保证面有良好的视觉秩序，面在直线的分割下，产生和谐统一的美感。空间通过不同比例的分割，会产生空间层次的韵律感（图3-4）。

（2）排列

线进行垂直、水平、倾斜等不同方向的排列，会产生不同的视觉感受。

3.建筑中的线

线在构成中有表明面与体的轮廓，使形象清晰，对面进行分割、变化其比例，限制、划分有通透感的空间等作用。建筑形态中一切相对细长的形状都具有线的效果，它可以是摩天楼、高耸的古塔，也可以是一圈圈的拱券。线具有特殊的表现力和多方面的造型能力，一切建筑的各个部位都涉及线的设计问题（图 3-5）。丰富的线可以构成变化多样的组合，许多杰出的建筑物都是以线的表现为主的。建筑形态中，各种线的加减、断续、粗细、疏密等不同方式的排列组合，是建立秩序感的手段。建筑结构主要通过线来表现，建筑中的直线和曲线的结构体系具有轻巧灵动的力感，结构的美感在很大程度上是线构成的（图 3-6）。

图 3-5　粗壮的线与密度不均的线达成力的平衡

图 3-4　上海 zebra 酒吧（3GATTI 建筑事务所）　　　图 3-6

1）装饰。线作为一种主要的表现手段，在绘画、雕塑、平面设计、广告制作等许多专业领域，产生和强化作品的美感与装饰效果。建筑平面或立面中的线，可以使建筑形态呈现出艺术的美感。

2）表达感情与风格。各种线具有长短、粗细、曲直、方位、色彩、质感等不同形态和不同力感、不同节律等视觉特点，可以使观察者产生伸张与收缩、雄伟与脆弱、刚强与柔和、拙与巧、动与静等不同心理感受。

3）传达文化。不同线的组合还常用来作为传达文化的符号。例如不同地域的拱券有着不同的轮廓线，表达着不同的哲学观念、文化传统和审美心理。半圆形的拱券是古罗马建筑的重要特征，飞升直上的尖券为哥特式建筑的典型风格，而伊斯兰建筑的拱券则有尖形、马蹄形、三叶形等多种线性。

（1）建筑中的直线

1）垂直线。直线具有崇高向上和眼熟的感觉，彰显着力量与强度，使物体表现出高于实际的感觉。

2）水平线。水平线有着附着于地球的稳定感，有舒展、开阔的表情，易于形成非正式的、亲切、平静的气氛。建筑中的水平线在一定程度上有扩大宽度和降低高度的作用。

3）相交垂直线和水平线。水平线与垂直线相交时，能抵消垂直线所形成的方向性和长度感。在建筑的局部中，横竖线有改变人们的视知觉的作用。建筑形态中的一切细长构件、线脚、接缝或影子，它们之间的平行或垂直相交特征，均能构成线组合的节奏，形成丰富的韵律美。

4）斜线。与水平线和垂直线相比，斜线更具有力感、动势和方向感，可看作是升起的水平线或倒下的垂直线。一条斜线是不均衡的，当两条斜线交叉时，这种不均衡感和方向感会被削弱。由于斜线的这些特征，斜的形体一般显得比横竖的形体更活跃（图3-7）。

（2）建筑中的曲线

曲线具有柔软、弹性、连贯和流动的性质和韵律感、柔和感，变化丰富，比直线更容易引起人们的注意。自由曲线如弧线、波形线，显得更加自由、自然，具有优雅、平滑、奔放与丰富的个性。急转的曲线会产生强烈的刺激，平缓的曲线则使人感觉柔和。建筑中，曲线形式的应用丰富了建筑造型语汇，形成有别于传统建筑形态的空间艺术形式，创造出具强烈动感和节奏感、超现实力度感和生命力的作品（图3-8）。

图3-7　斜线的建筑更活跃（上海世博会德国馆 摄影：李欣伦）　　图3-8　曲线的力量

1）自由曲线。自由曲线具有流畅性且富有运动感和节奏感。在场地设计、景观环境、雕塑中运用较多。

2）几何曲线。按照形态的不同，几何曲线可分为闭合曲线和开放曲线。建筑形态中闭合曲线有圆、椭圆和类椭圆等；开放曲线有圆弧线、双曲线、抛物线、变径曲线和涡旋曲线等。

（3）直线与曲线的结合

直线与曲线的结合运用，是刚柔的完美组合，刚劲明朗之中不失轻快活泼。直线有阳刚之美和沉静之气，曲线则婉转流畅，有亲近自然的舒适感。在直线与曲线之中，直线造型更挺拔，曲线则更婉转、饱满。

三、面

面的围合是构成空间和形成体量最重要的手段，千变万化的面进行组合，构成了风格多样的建筑形态。

在几何学中，面是线移动形成的轨迹，面具有长度、宽度，无厚度，是体的表面，受线的界定，有一定的形状。二维的面，表示其方向和位置。面进行折叠、弯曲、相交后会形成三维的面。面有平面、折面和曲面等基本类型。面要素是建筑中关键的要素之一，以其属性（形状、大小、色调、质感等）和各面之间的相互关系可决定所构成空间的视觉质量。

1. 构成方式

从形态构成的角度来说，面主要的构成方式有分割和积聚两种。

（1）分割

在面的不同位置对边界或中部进行切割、划分，会得到不同形态的面。分割要借助于线，但分割构成的着眼点却在于面的大小以及分布的均衡上，这与线的积聚是不同的。分割的方法有等量分割、比例分割和自由分割等（图3-9）。

（2）积聚

积聚，即以面形为基础、向外作延展的组合。其整体外形是不定的，用于组合的面可以是形状相似的或形状相异的，也可以是相互联系的或相互独立的（图3-10）。

图3-9 法国凡尔纳中学被设计成的对整体的切割

图3-10 有机面的运用

2. 建筑中的面

建筑形态构成中的面通常指建筑的界面。建筑界面作为实体与空间的交接处，一方面是限定空间的围合面，划分不同空间领域；另一方面又是空间体量的外部形态的直观表达。通常情况下，建筑中的各个面要素之间总是相互联系且延续的，界面统一在建筑形体与空间的整体之中。面的表面特征，如材料、质感、色彩以及虚实关系（实墙面与门窗洞口之间的关系）等因素，成为面设计语汇中的关键要素。

（1）建筑中的平面

平面是建筑形态中最常见的面，根据位置可以分为水平面（包括地面和顶面）、斜面和垂直面。

（2）建筑中的曲面

在建筑设计中适当运用一些曲面，会使形态产生强烈的动感而变得充满生机，使人感到优美、兴奋、活跃。曲面的合理采用可创造出丰富多彩的空间形态与性格迥异的视觉效果。曲面可以看作是线运动的轨迹，运动着的线叫母线，母线的形状以及母线运动的形式是形成曲面的条件。曲面有不同的分类方法，一般来说可以分为规则曲面和自由曲面。在规则曲面中，可以按照母线的运动方式把曲面分为回转面和非回转面两大类（图3-11）。

图3-11　西班牙古根海姆博物馆

四、体

物体给人们最为明显的感受是它的体积，物体有长、宽、高三维方向的度量值，以确定其整体的比例关系。体是面的推移或组合的结果，也可以由线、面围合而成，有形状、表面、方向位置。体的首要特征是形。形体的种类与面的种类相似，包括长方体、多面体、曲面体、有机形、不规则形以及单纯形、复合形等，其表情是由轮廓线的表情和面的形状决定的。建筑的形体是内部空间的外部反映，它有尺度、比例、量感，凹凸感和空实感，稳定感和安定感，以及闭锁性。对建筑而言，人们首先是从外部感知建筑的形体，而后才逐步体验到内部空间的构成（图3-12）。当构成建筑的内部空间形态时，必然同时构成建筑的外部体量形态，建筑体量的相互联系又构成建筑外部空间形态。所以建筑体量是其内部空间构成的外部表象，是空间构成的结果。任何复杂的建筑形体均可简化成为基本形体的组合。综合起来，体的视觉特性主要有以下几个方面：

（1）形状——体的外表和外轮廓的综合，体形式的主要辨认特征。

（2）尺寸——体在长、宽、高三维方向的度量值，确定体的比例关系。

（3）位置——体在环境中所处的地位。

（4）方位——体与地面、方向和观察者的相对位置。

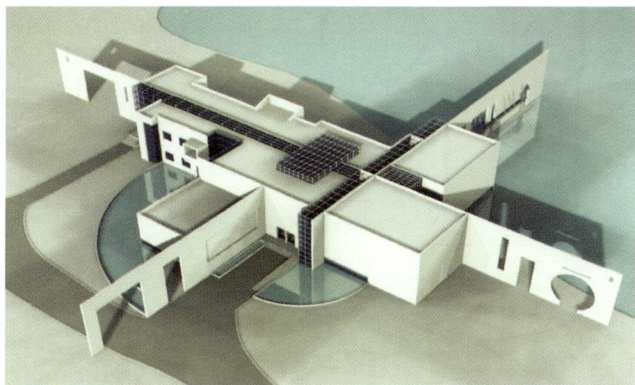

图 3-12　体块组合

（5）重心——体与支撑面的相对关系，表达其稳定性的程度。

（6）色彩——体与周围环境区别的属性之一，包括色相、明度、彩度。

（7）质感——体表面触觉和视觉特点，反射光线的能力。

宏大的形体由于它们的大体量而使人容易注意，如巨大的岩石，有惹人喜欢的惊异和恐惧；宫殿、教堂的巨大形体从远处以一种非同寻常的宏大和庄严来引起人们的注意，使人感到崇高和敬畏（图 3-13）。小的形体由于它们的尺度更具有人情味而比大的物体更容易引起人们的喜爱。体还具有被切割的特征，这是现代建筑一个重要的形态特征。体经过切割，可变成多种形态，被切割的部分与切除的部分彼此间保持着一定的依附关系（图 3-14），有时是正负的关系，如果再将它们重新组合在一起，将自然形成形体的多种协调和雕塑感。

图 3-13　布达拉宫体量宏伟，使站在面前的人感到渺小

图 3-14　被切割的整体（北欧国家使馆群）

建筑物及其构件是因其形体而被人们感知的，形体告知了其用途。环境中的巨大建筑体量能构成一个集中的、以它为中心的目标。古代无数重要的建筑都以其体的特征形成社会的标志和活动的中心，如雅典卫城、欧洲诸多城镇市政厅或教堂等。

第3节 建筑形态构成方法

一、建筑内空间构成

纯空间形态本身是不能形成的，它必须依靠实形态的限定才能显现出来，这种依存关系并不是消极和被动的。即我们设计空间形态时要以虚为目的，以实为手段，或者说空间形态利用实体形态，让它俯首帖耳地为自身热情服务。例如室内设计中的内界面设计，虽然装饰的是界面本身，但目的却是创造空间的氛围。对内界面实体的高低、大小、方向的不同设计，目的在于创造不同的空间序列和形态，或者说是用现实去创造联想。空间设计特点与其说是表现不如说是暗示。概括地说，空间形态既依附实体形态又利用实体形态，实体形态既创造空间形态又服务于空间形态。这是它们之间相反相成的辩证关系，也是虚形态构成的特殊法则。

空间艺术作品的质量取决于空间关系的处理水平。空间关系并不是完全抽象的。人们在某处特定的空间中所从事的特定活动制约着空间的构成关系。内空间的综合性功能要求空间组合具有主从关系，甚至是特殊的几何形联系和空间序列。要获得良好的整体感受，在进行空间序列设计时要注重空间大小、高低、狭长或开阔的对比，以及空间中实体建筑界面的变化和联系（图3-15）。

图3-15

（一）空间的限定

空间本身是无形态的，要把空虚形态变为视觉形象，就必须进行物理限定，让无限成为有限，无形成为有形。空间要借助于实体的限定才能被人感知。

立体形态占有三维空间，是积极实在的形态，空间形态包围的空间（气）对比实体是消极的空间形态。如六面封死的盒形样式，就形成立体形态，若其中的一个面或多个面有与外相通的部分，就形成空间形态。

空间形态具有三个基本特征：空间的限定性，内外的通透性以及能让人进入的内部性。

一般来说，面是主要的空间限定体，其次是经过排列的线，但限定程度弱于面，因为线有透叠性。随意摆放的线和块，只成为注意力集中的焦点，并不分隔空间。

空间的限定有两种方式：中心限定和分隔限定。由于限定的方式不同，构成的空间形象也有不同的特征。所以，作为空间形象的分隔元素可以分为三类：限定形式（天覆、地载、围合），限定条件（形态、体势、数量和大小），限定程度（显露、通透、实在）。

1. 中心限定

中心限定是确定空间关系的始点和终点，往往是设定一核心体态，围绕它而展开的相应的其他构成，就像中国园林中的亭子，既是全园的景点也是控制周围景色的制高点。纯粹的形态在空间中不起分隔作用，只具有视觉吸引力，其本身没有内部空间，仅从外部来知觉，就像雕塑一样。若与地载相结合，具有庄严雄伟之势、凝聚挺拔之力；若与天顶、围合相结合，则具有吸引、收拢之力（图3-16～图3-18）。

图 3-16

图 3-17

图 3-18

2. 分隔限定

限定空间包含了水平要素限定空间和垂直要素限定空间。

1）水平要素限定空间

横切关系：天覆顶面，地载基面，横面吊挂、悬挑、高架。

顶区别着室内和室外，是人们对室内外感觉判断中最敏感的因素之一。天覆的宽度与其到地面的距离之比小于1时，引力感强，使人感到压抑；其比值相等时，使人感到亲切；其比值大于1时，引力感弱，使人产生空灵、高爽之感。顶的封闭和开敞决定着垂直方向的空间的渗透和联系，顶的平直和倾斜可带来不同的心理感受。顶作为限定人们活动场所的要素，与地面的距离反映了空间对人的亲切程度。并且顶的形态不同，人们对空间的感受也不同（图3-19）。

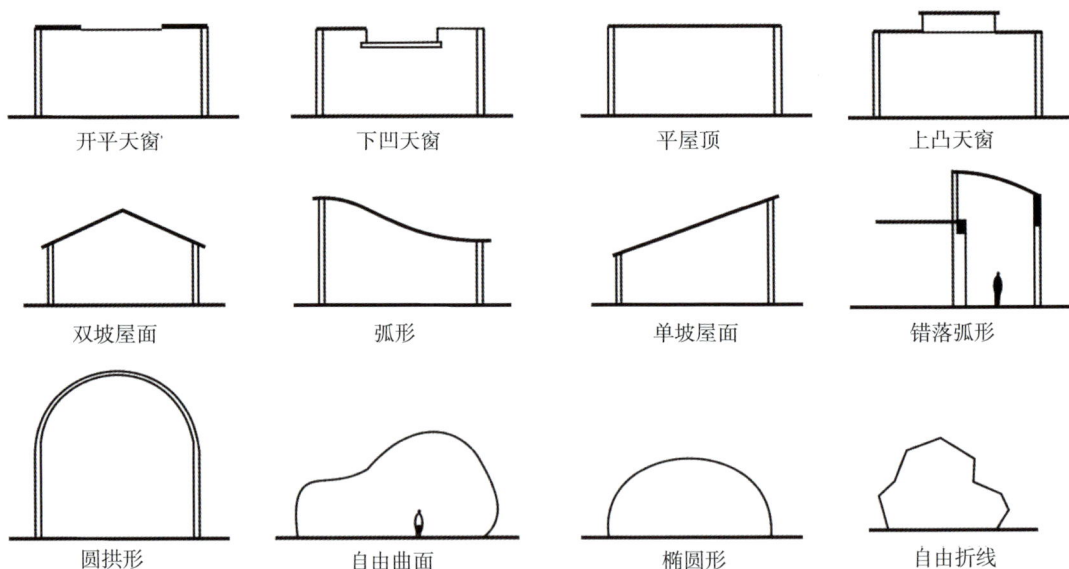

开平天窗　　下凹天窗　　平屋顶　　上凸天窗

双坡屋面　　弧形　　单坡屋面　　错落弧形

圆拱形　　自由曲面　　椭圆形　　自由折线

图 3-19

　　地载——空间限定的最稳定的因素，是人类空间活动的基础，是构成空间环境的基本所在，任何空间限定要素都要与地载结合（图 3-20）。

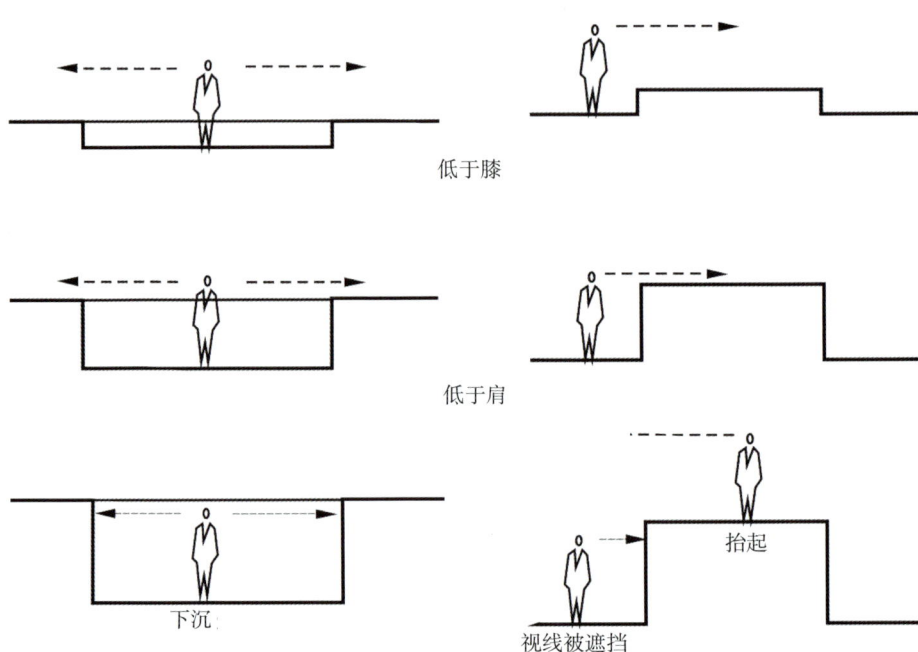

低于膝

低于肩

下沉　　　　视线被遮挡　　抬起

图 3-20

　　吊挂——以天覆为依托向下悬吊或地载支撑的立面和立线进行拉伸构成的横断面（吊桥的感受）（图 3-21，图 3-22）。

图 3-21

图 3-22　上海国际客运港

　　悬挑——以立面为接触面而进行的横断构成，如外空间中的悬石、露台，内空间中的梯步、隔层等（图 3-23，图 3-24）。

图 3-23

图 3-24

　　高架——以地载为根基，向上的支撑线的顶端所连接的横切面（城市中的高架桥的印象）（图 3-25）。

　　2）垂直要素限定空间

　　在空间活动中人类的视觉总要求有所凭借或依托，我们通常都要寻求一种参照框架，对照它去判断事物的特殊性质。垂直面的构成空间受各个方面的限制，并非简单围合的限定，各个面的大小、方向的变化，促进了空间的多样化。

垂直的形态通常比水平的形态更为活跃，它是能限定空间以及提供强烈的围合感的因素。垂直要素可以用来支持一个建筑物的楼板和屋顶面，控制建筑物室内外空间环境之间的视觉与空间的连续性。

"围合物"与"被围合物"的相对变化。在知觉围合物所带来的变化时，常感知围合物作为框架所发挥的作用。如天坛的圜丘外面两矮墙的处理有助于空间延展，使圜丘显得比真实尺度更加高大（图 3-26）。

在人与物体的关系中，物体的变化应以与地面构成垂直线为基准，就是竖断的构成。因为人是以直立于大地为基本姿势的，所以建筑空间以天花板、墙壁、地面为框架，建筑的墙壁若不与地面构成垂直线，则生活、行动是不稳定的，有夹持之感。当立面与地面非直角相交时，便构成倾斜面的空间。仰斜，使人产生崇高、敬畏之情。两个平行或不平行的立面，向内侧斜时封闭性增强，有庇护感；向外倾斜时，封闭性减弱（图 3-27）。

用垂直构建限定空间的方法有设立和围合两种（图 3-28）。

图 3-25

图 3-26

图 3-27

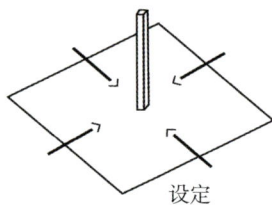
设定

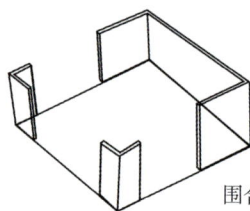
围合

图 3-28

设立是指物体设置在空间中，指明空间中某一场所，从而限定其周围的局部空间。设立可以分为点设立和线设立（图 3-29～图 3-31）。设立仅是视觉、心理上的限定，靠实体形态获得对空间的控制，对周围空间产生一种聚合力。聚合力是设立的主要特征，是人心理所感受到的。聚合力的大小和点的体积、线的高度有一定的关系。点和线的体积及高度影响着它们所能控制的范围，它们之间的关系成正比。

如设立在环境的中心，点或线是稳定的、静止的，对各个方向的力是均等的；若从中心偏移，力就变得不均等，其位置所处的范围会变得比较有动势，点或线和它所处的环境之间会产生视觉上的紧张感。

围合是空间限定最典型的形式，它造成空间内外之分（图 3-32）。内部空间一般是功能性的，用来满足实用要求。建筑中用来限定空间的墙面，使用的就是围合手法，高度不同、数量不同的面，围合效果是不一样的（图 3-33～图 3-36）。可分为：以实体围合，完全阻断视线；以虚体分隔，既对空间场所起界定与围合的作用，同时又可保持较好的视域；利用人固有的心理因素，来界定一个不定位的空间场所。

图 3-29　大草原的蒙古包是点设立

图 3-30　园林中的凉亭建筑同样属于点设立

图 3-31　展厅外围的立柱可以看做是线设立　图 3-32

图 3-33　高度不同，数量不同的面，围合效果是 不一样的

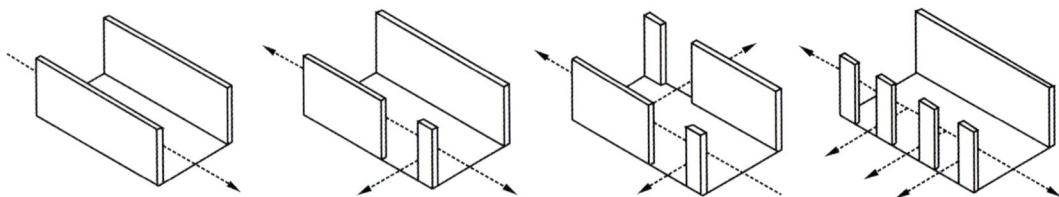

图 3-34　围合效果——平行垂直面围合

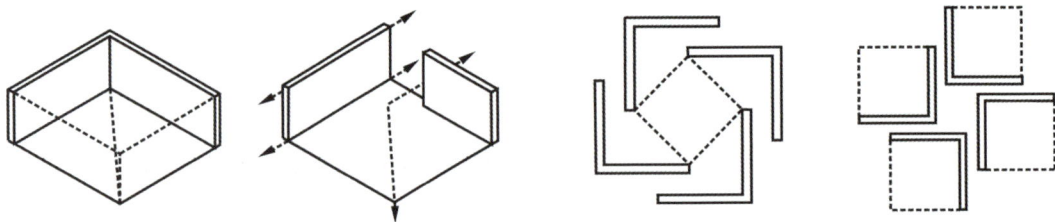

图 3-35　围合效果——L 形垂直面围合

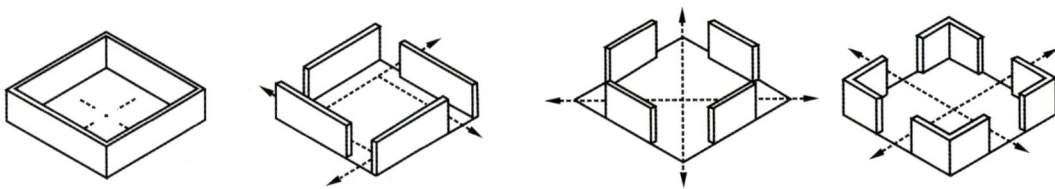

图 3-36　围合效果——四个垂直面围合

①实体围合的限定性。实体围合是界定、组成空间的基本方法。用实体如墙等围合的场所具有确定的空间感和内外的方位感。其在空间组织上的重要功能就是保证内部空间的私密性和完整性。

②利用虚体限定空间。这里所说的虚体是指可使视线穿透的空间限定体，如镂空的墙，中国传统室内的罩和各种形态的柱、帘及绿化等。利用虚体限定空间，可使空间既有分隔又有联系。由于空间界面在一定程度上并不完整，视线并未受到完全的阻隔，空间便显得灵活而有情趣。例如一个大空间，如果不加以分割，就不会有层次变化，但完

全分割就会显得呆板，也不会有空间渗透的现象发生，只有在分割之后又使之有适当的联通，才能使人的视线从一个空间穿透至另一个空间，从而使两个空间相互渗透，这样才能充分发挥大空间的优势，显示出空间的层次变化。这个道理与西方近现代建筑所推崇的"流动空间"理论十分相似。因为被分割的空间本来处于静止状态，一经联系之后，便相互渗透，各自都延伸到对方中去，如此便打破了原先的静止状态而产生了一种流动的感觉。

利用这一原理，通过不同的虚体元素对空间加以限定和分隔，可以创造出丰富的空间层次的变化。

柱体作为线性因素参与空间的构成，可以柔化过渡空间。

在中国古典园林中，采用镂空墙体限定空间的做法非常普遍，由此创造出了丰富的空间层次变化。镂空实际上就是透过特意设置的门洞或窗口去看某一景物，从而使景物似一幅图画嵌于框中，由于是隔着一重层次（粉墙）在看，因而景物更显得含蓄而深远。

山石、树木等自然形态的东西也可作为虚体隔断，起到划分界定空间的作用。对于大型空间来讲，为避免显得空旷、单调和一览无余，同时又要保证空间的完整性，通常可采用这种形式把单一的大空间分割成若干较小空间。借山石、树木限定空间与利用墙垣等人工构造分割空间，其目的虽然一样，但效果却不尽相同。山石、树木无定型，虽由人作，但毕竟属于自然形态，凡用它们限定的空间，通常都可使被分割的空间相互连绵、延伸、渗透，从而找不出一条明确的分界线，而以人工建筑为界面限定出的空间则泾渭分明，两者相比虽各有特点，但用前者限定空间更能不着痕迹，并且会因自然形态的参与增强空间的亲切感。

利用人的行为心理和视觉心理因素以及人的感官也可限定出一定的空间场所。这种限定相对于实、虚隔断限定空间的方法而言，在空间形式上并不明显，而是更多地依赖于人——空间使用者的感觉，因而显得更加灵活，甚至有时被限定的场的位置是不确定的。如在公园中，一条坐椅上如果有人，尽管还有空位，后来者也很少会去挤在中间，这就是人心理固有的社交安全距离所限定出的一个无形的场，这个场虽然无形，却有效地控制着人们的活动范围，虽然这种属于人际关系中社会行为表现的审美特征是无形的，但建筑作为人与环境的中介，在处理空间实用功能和审美功能时应充分、细致、全面地考虑这些微妙的行为和心理的关系，并使之达到相应的和谐。作为设计者，应充分考虑到人作为主体在空间中的活动因素，更加有效地组织空间，避免人与空间功能之间可能发生的冲突。

（二）空间的组织

并列空间是指各单元的功能有差异却无主次关系的空间。公寓楼房常以此为手段进行构建。

1. 并列空间

并列空间的形态近似，互相不寻求秩序关系。从平面的角度看它的组合方式多是利用骨格变化与基本形态构成关系（图 3-37）。骨格的形式有线型式、辐射式、网格式或聚散式。并列空间利用骨格形式进行重复构成或渐变构成，利用基本形态单元作积聚、切割、旋转、移位、分散等变化。

2. 集中式组合

集中式组合是由若干次要的空间形态围绕占主导地位的形态构成。其形态作为视觉的主体，要求有几何的规则性，如以会所为主的小区楼盘、以舞台为中心的剧院等。这种组合形式使得空间形态产生了集中性。这种形式具有向心性（图3-38）。

3. 组团式组合

组团式组合是由多种相同形态的单元空间或有形状、大小等共同视觉特点的形态集合在一起构成的。组团式组合，根据尺寸、形状或相似性等功能方面的要求去聚集它的单元形态（图3-39）。组团式缺乏集中式的内向性和几何规则性，它的组合形式灵活多变，可吸纳多种形状、尺寸和方位的形体成为它的结构成分。它可以像附属体一样依附于一个大的母体和空间，也可以只借相似性相互联系，使其成为各具个性的统一实体，还可以彼此贯穿，合并成一个单独的、具有多种面貌的形式。

图 3-37

图 3-38　组合的向心性

图 3-39　组团式组合

4. 空间结构的组合方式

空间结构的组合方式包括单体的组合和群化的组合。

（1）单体的组合

单体的组合包括接触、连接和包容等。

1）接触：接触是空间中最常见的形式，运用接触组合起来的每个空间都能很清楚地被界定。相接触的两个空间的视觉和空间的联系程度，取决于那个既将它们分开又将它们联系在一起的分隔要素的特征。大体上来说，分隔要素有四种情况：

①以实体分隔：限制两个相邻空间的视觉连续和实体连续，各空间独立性强，分隔面上开洞的大小影响空间之间的联系程度（图3-40）。

②设置分隔面：在单一空间里设置独立分隔面，空间隔而不断，分隔面的大小影响两空间的联系程度（图3-41）。

图3-40　以实体分隔

图3-41　设置分隔面

③以柱分隔：线状柱列分隔的空间，具有高度的视觉和空间连续性，其通透程度与柱子的数量、粗细等有关（图3-42）。

④以高差、肌理等分隔：改变地面或顶面，对墙面或地面进行不同处理来区分两空间，分隔感最弱（图3-43）。

图3-42

图3-43　高差分隔

2）连接：相互分离的两个空间由一个过渡空间相连接，这个过渡空间的特征对于空间构成有决定性作用。根据过渡空间及与它所联系的空间可分为以下四种情况（图3-44）。

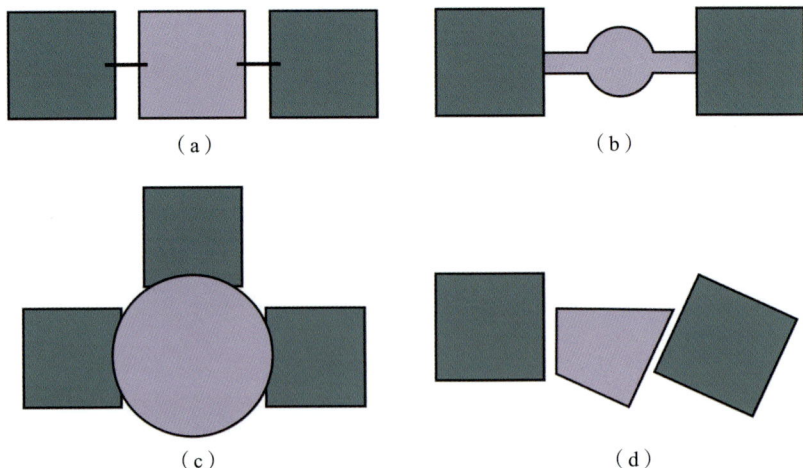

（a）　　　　　　　　　　　　　　　　　（b）

（c）　　　　　　　　　　　　　　　　　（d）

图 3-44　连接的四种情况

①过渡空间在形式、尺寸上与它所联系的空间完全相同，二者构成重复的线式空间系列。

②过渡空间在形式、尺寸上与它所联系的空间不同，强调自身的联系作用。

③过渡空间在形式上相同，但尺度较大，将所联系的空间组织在周围，自身成为整体的主导空间。

④过渡空间的形式与方位完全取决于其所联系的空间的形式和方位，形式灵活多变。

3）包容：大空间中包含着小空间，两空间很容易产生视觉和空间的连续性。被包容空间的尺寸、形状和方位的改变，会形成不同的空间包容感（图3-45）。两个空间的大小应有明显的差别，才会有包容的感觉。若被包容的空间尺寸过大，会破坏包容性。

图 3-45　空间的包容

①被包容的空间和包容空间的形状相同、方位不同，附属空间充满动感。

②两空间在大小、形状上都不同，表示两者功能不同，小空间的独立感也因此增强，或象征小空间有特殊的意义。

（2）群化的组合

群化的组合包括中心组合、串形组合、网络组合等。

1）中心组合：若干个空间围绕一个大的、占主导地位的中心空间，中央主导空间一般是尺寸比较大的规则形式，统帅周围的次要空间，也可以用形态上的特殊来突出其主导地位。组合中次要空间的功能、形式、尺寸可以相似，也可以为了适应各自的功能要求而互不相同（图3-46）。

图3-46　中心组合

2）串形组合：由若干个单元空间按一定方向相连接，构成空间序列，有明显的方向性，灵活性很强。单元空间可以完全相同，也可以在形状、大小方面有一定的差异（图3-47）。

图3-47　串形组合

3）网络组合：由两套平行线相交形成网格，这两套平行线通常是垂直的。当网格由二维转为三维时，一系列重复的、模数化的空间单元也随之形成。网格具有组合空间的能力，在进行消减、增加、层叠、滑动、中断、位移等变化时，仍能保持其可识别性（图3-48）。

图 3-48　网络组合

（三）空间的引导性

建筑空间的引导性是指在建筑空间运用不同的构成元素指示运动路线，明确运动方向。这些构成元素以其不同的形式，联系着一个区域与另一个区域，强调明确前进方向，引导人们从一个空间进入另一个空间，并为人在空间的活动提供一个基本的行为模式（图 3-49～图 3-51）。

1. 空间序列组合的引导性

建筑空间的引导性，通常是通过空间序列的组合来体现的。运用这种方法主要是通过借助人们逐渐专致的精神，渴望强烈刺激的欲望和情感上的期待，从心理上诱导人们探寻空间重点的、高潮的部分。

（1）采用空间体量的大小对比、形状对比或由小到大的有规律变化等手法来暗示行动路线，引导观者走向重点空间。

（2）借助纵深的韵律感来引导观者走向重点空间。常用的办法是采用柱廊或重复的券拱。连续纵深的距离越长，韵律感越强，人们对韵律感预示的主题的期望也越强烈。重复延展的具有韵律感的列柱或连续券拱，有一种动态感，

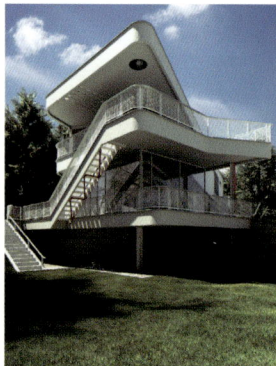

图 3-49

图 3-50

图 3-51

有一种预示空间高潮的趋向，具有明显的组织引导前进的作用。

2. 踏步、坡道的引导性

一般人都觉得地坪较高的空间比地坪较低的空间要重要。即使在同一空间中，局部抬高的部分都会被认为是特殊的。楼梯或台阶就是用以联系这种高低地坪的媒介，它的指向预示着空间高潮区域的出现。设置踏步的方法，是起到引导作用的有效措施。

另外，楼梯的形式也很重要。一般的两跑或三跑楼梯只能起到交通联系的作用，并不能预示或烘托高潮，只有直上的楼梯能获得这种感觉，因此这种形式的楼梯也常被运用到一些重要建筑中，如政府大厦、纪念性建筑、博览建筑等。

3. 单一狭长矩形空间的引导性

单一狭长的矩形空间是组织不同建筑空间的常见元素，其空间的高度、宽度与纵深距离的比例关系会对处于其中的人的心理产生纵深引力，因此可以起到明显的引导人流行进的作用。在运用这种构成元素的设计过程中，还必须考虑到因人在连续狭长的空间中行进容易感到重复、单调，而影响到这种空间形式的引导作用的情况。为改善空间对使用者可能产生的这种不利于空间形式发挥作用的情绪因素，可以辅助其他的设计方法，如在廊中嵌入一些区别于狭长重复空间的设置，既可调节观者行进的速度，甚至吸引他们停下来休息，又可增添因空间变化而产生的情趣。这类设置，在调节通行其中的人的情绪的同时，增强了狭长空间的引导作用。

4. 利用地势较高景点的引导性

利用地势较高的景点或建筑实体自身的高度优势，在较远处形成诱人的景观，也能很好地起到引导人行进的作用，进而使观者沿着通向它的路径来到一些预先不知的重要空间。

除上述元素外，其他如道路、地铺、桥、墙垣等，也可以通过处理使之起到引导与暗示的作用。

以上这些用以引导行进路线的空间构成元素有助于复杂空间的有序化组合，保持空间与路径的连续性，使路线的变化和空间序列的展开都能在不同元素的引导下有序地进行。

二、建筑形态构成

任何复杂的建筑形态，都是由简单的基本形体通过一定规律和手法变化、组合而成的。和空间形态类似，建筑基本形体的视觉特性有形状、尺寸、位置、方位、中心、色彩、质感等方面，在这些方面进行不同的处理，能够创造多变的建筑形态。建筑形体的构成方式多种多样，主要通过形体自身的变化以及基本形体之间相对关系的变化来实现。基本形体自身可以在三个量度上进行大小、形状和方向的改变，主要的手法有转换、积聚、切割和变异。

1. 转换

转换是指在角度、方向、量度、虚实等方面对建筑形态进行转换，不是实质性的变化（图3-52）。

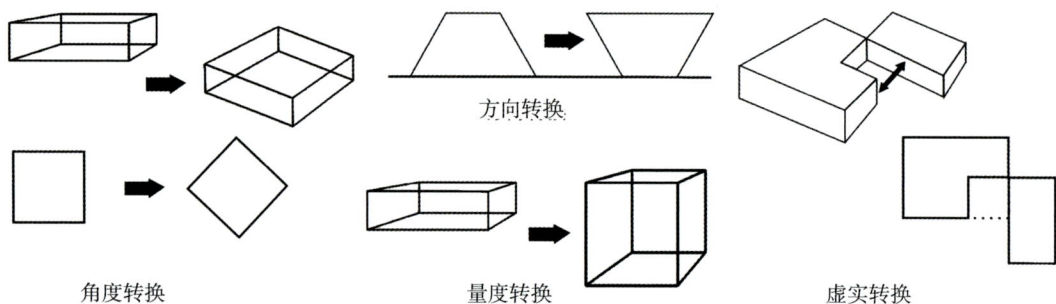

方向转换

角度转换   量度转换   虚实转换

图 3-52

角度转换是指基本形体表面保持不变，而改变局部形体的方向，产生外形角度变化的效果。方向转换则改变基本形体放置的方向。与正置的形体相比，斜置与倒置的形体给人的视觉刺激量加大，产生与形体正置所不同的感受。形体通过改变一个或多个量度的方法进行变化，同时能保持着本体的特征，称为量度转换。而虚实转换即虚体和实体之间的联系和变化，虚体是建筑实体实际占有的空间之外被暗示出来的由空间张力限定出来的空间。

2. 积聚

基本形的积聚处理是在基本形体上增加某些附加形体，或多个形体进行推挤、组合而形成新的形体，使整体充实和丰富，是一种加法操作。

（1）二元形体的积聚

二元形体体量之间积聚的方式有以下几种。

1）空间张力（分离）。形体之间彼此靠近，具有共同的视觉特点，比如形状、色彩、质感等，由于视觉的完形作用，会把它们看成一个整体。形体之间并没有实质性的接触，而是依靠心理产生的空间张力来联系（图 3-53）。

2）构件连接（图 3-54）。由连接构件将两体量连接起来，比空间张力的连接紧密了一些。

图 3-53　形体间的空间张力

图 3-54　蒙特利尔——67 住宅

3）接触。接触包括边的接触和面的接触。边的接触是形体之间共享棱边；面的接触要求形体有相互平行的、相对应的表面，表面与表面紧贴一起。

4）穿插。形体互相贯穿到彼此空间中，是形体之间的接触，形体之间有无共同的视觉特征并不会影响穿插的进行（图3-55）。

图3-55　穿插（安徽出版编辑大厦）

5）融合。小体量的形体融入大体量的形体之中，小体量形体失去了控制外部空间的作用，和空间的包容类似。

（2）多元形体的积聚

积聚是由个体结合成整体、汇集群化的方法，是建筑创作的重要手法。在积聚过程中，基本形的视觉要素，如形状、大小、位置、色彩等，可以作各种规律和非规律的变化。单体数量的多少和单体自身的独立性成反比，积聚中单体数量越多、密集程度越高，由积聚产生的新形态的积聚性越强，而单体的个性和独立性则趋向消失（图3-56）。

图 3-56　单体越多、密集度越高，单体个性愈弱（纽约曼哈顿建筑群）

　　1）组织方式。在重复形和相似形的积聚中，相同和相似的单位形体通过不同的连接方式、不同的位置变化，构成不同的空间感觉。组织的方式有分离式、集中式、线式、放射式、组团式等。在对比形的积聚中，主要强调对比因素，对比因素有形状、大小、多少、动静、方向、疏密、粗细等，应注意整体的协调性和统一性。对比形的积聚还包括不同材质、不同色彩及不同形状（线型、面型、体型）的综合对比构成。

图 3-57　台北 101 大厦　　图 3-58　北京银泰中心

　　重复形、相似形体的重复组合和对比形体的变化组合，都是充分利用一定的均衡与稳定、统一与变化等美学原理创造具有一定空间感、质感、量感、运动感的造型形态。要注意形体之间的贯穿连接，结构要紧凑、完整而富于变化，发挥各种构成因素的潜在机能，组成既有运动韵味，空间变化丰富，又协调统一的立体形态。

　　2）数量感受。单一形体或多个形体的组合有着不同的视觉效应和心理感受，例如单个形体和用空间张力的方法连接的不同数量的形体，会形成一枝独秀、

图 3-59　世贸大厦双子塔

二元并蒂、三足鼎立、四厢对峙等视觉效果。不同地域的人对数会有不同的约定俗成的习惯。对于数量，五个以上的不能是个体几何，应当作群体来考虑；五个以下的体，不仅要考虑总体关系，而且要考虑单体的完美（图3-57～图3-59）。

3）形体效应。空间与形体的构成是有一定规律的。在这里，形体效应又分为控制效应、极化效应、排列效应、群化效应、节律效应、轴线效应（图3-60）。

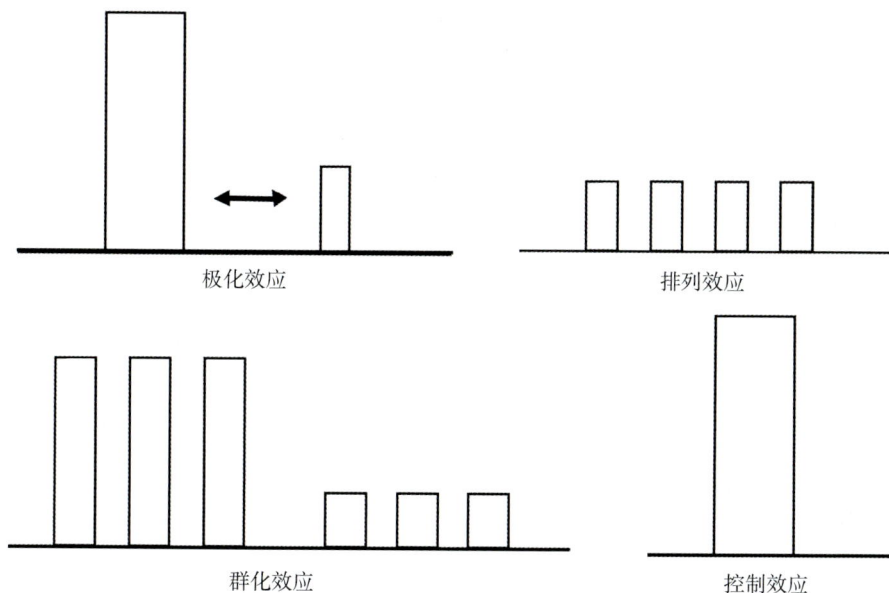

图3-60　形体效应

控制效应是指一个单独的形体，能以其体量、位置、所处的群体及环境关系等因素，最大限度地控制周围的空间，在视觉和心理上造成优势。

极化效应是指两个拉开一定距离的形体，占有并控制了全部的环境空间，在两形体间会产生张力空间。

排列效应是指按照一定的秩序和有规律的距离，有目的地放置若干个形体，能够形成形体的排列效应，这是形体构成中最常见的形式。

群化效应是指在同一空间环境中，形体成组地有规律地布置，组成多群体。

节律效应是指在形态的空间构成中，有节奏、韵律、重复和休止，是有抑扬变化的群体组合，具有优雅和谐的视觉感受和心理效应。

轴线效应是指所有形体围绕一个或多个轴线有规律地构成，轴线中也要有主次之分，注意层次分明。轴线效应常常出现在多单元和多形态的构成中。

3. 切割

切割是把整体形态分割成数个小的形体，是一种减法操作，大概可以分为分割、削减和分裂三种操作方法。切割的方式有几何式切割和自由式切割两种（图3-61～图3-64）。

图 3-61　切割

图 3-62　达拉斯音乐厅

图 3-63　苏州博物馆

图 3-64　肯尼迪图书馆

（1）切割种类

1）分割。对基本形体进行不同方向的分割，将整体分成若干部分，总体量保持不变。

2）削减。在基本形体上减掉一部分，原形仍保持完整性，要注意削减的量和削减的部位会影响原形的特性，过多的削减边棱和角部会使原形丧失原来的本性而变得模糊，转化为其他形体。

3）分裂。把分割出来的各形体在位置上做变化，重新进行组合，如滑动、拉开、错落等位移操作，因此也称为分割移位。也可以用分解、离析的方式使基本形体部分体积发生裂变、破碎，或者将其彻底打散后，再结合增加方式组合成新的形体。

（2）切割方式

1）几何式切割。规则几何式切割在切割形式上强调数理秩序，其切割方式包括水平切割、垂直切割、倾斜切割、曲面切割、曲直综合切割及等份切割和等比切割（图3-65）。

2）自由式切割。自由式切割是完全凭感觉去切割，使原本单调的整块形体发生变化，使其具有新的生命力。

（3）切割的部位

可选在形态各个部位进行切割操作，在形体的边缘、角部、顶部等视觉的临界面进行切割，空间形体更容易产生开放、封闭、流通的不同效果，同时会使轮廓、天际线等产生变化，再通过比例、尺度、光、色、韵律、渐变的把握与推敲，给形体带来新的视觉感受。

4. 变异

变异可理解为非常规的变化，对基本形态的线、面、体进行卷曲、扭曲、旋转、折叠、挤压、膨胀、收缩等各种操作，使形态发生变化，在视觉上产生紧张感。当代建筑领域，传统的建筑形态产生了多元化发展的趋势，使用变异手法设计的建筑越来越多，纯正、单一、明确、典雅正被多元、含混、不确定、通俗所取代（图3-66）。

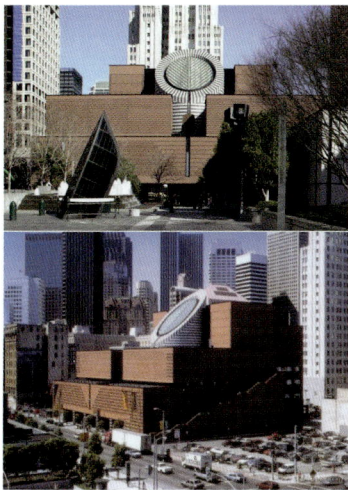

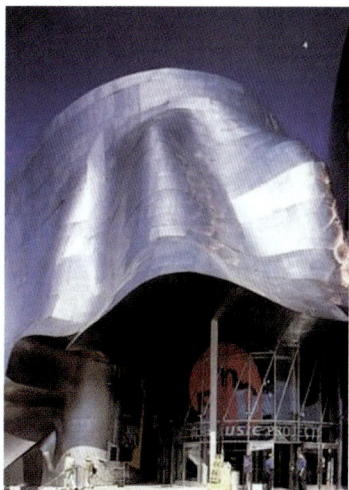

图 3-65　旧金山现代艺术博物馆　　图 3-66　变异

（1）变异产生的背景

1）思想基础。

①外部学科的启示。哲学从理性到非理性的转变，现代建筑学派向地域文化以及哲学靠拢，结构和混沌理论的出现和对手法的注意、表现注意的追求等因素，是建筑形态上产生变异的思想基础。随着对自然研究的深入，人们发现自然是一个非线性世界，非线性系统有"反常"、"涡旋"、"突变"、"性质改变"等物理表现，分形几何学确立的多维度概念、拓扑几何学的同构异形观念使建筑形态走向塑性、多维、流动、无定形的方向在技术水平和文化需要不断增长的时代，传统建筑理论对形态的认识已难以赶上建筑实践变化的速度。全球化带来的趋同引起人的反思，建筑形态的多样化和个性化成为设

计者们关注的重点。

在建筑形态上进行变异是体现个性化、激发人的注意力的一种手段。当代建筑的发展突破了现代主义初期对单一建筑形态和单纯几何形体的追求。形态的发展开始逐步走向多元化，设计者摆脱理性教条主义的束缚，打破和谐统一的建筑美学法则，在形态中引入偶然、随即等理性所排斥的东西，使用偶然、不定、无向度、异质等非常规的方式，来变向为接近真实自然的原生态，已经成为当代建筑设计的趋势。

②审美观的改变。以上这些因素使人对建筑形态的审美发生了变化，人们不再满足于平衡、和谐、稳定，追求不平衡、非和谐，以至于精神上的刺激与震撼。当代人试图打破四平八稳的正统美学的心理趋势，使事物偏离常规，产生心里紧张和陌生的感受。

③消费文化的影响。社会正在历经从传统的生产型向消费型转化，建筑创作当然也不可避免受到消费文化的影响。在消费时代，越引人注目越可能获取巨额的利润。作为消费与欣赏对象的建筑因此也发生了变化。建筑中的消费主义借助夸张的形体，用感性经验取代理性逻辑，掩盖了建筑原有的功能性和合理性的本质，如盖里的西班牙毕尔巴鄂市古根汉姆音乐厅。

2）技术基础。不断进步的建筑技术，从设计手段、材料、结构、施工等方面推动了对建筑形态进行广泛探索的可能性。

（2）变异的表现

建筑形态变异大体体现在结构变异、解放材料与表现实体、注重生态与表现有机形态、注重表皮材质与肌理等几个方面。

1）结构变异。一些设计者认为，传统的几何形体往往缺乏生气，而"非垂直力系"的建筑形态则显得灵活多变。随着现代建筑结构、建造技术的发展，为丰富与创新建筑形态的表现力提供了物质基础和技术保证。

2）解放材料、表现实体（图3-67）。

图3-67　变异（格拉茨现代美术馆）

在建筑中表现材料的偶然性、临时性、不定性、无向度性和异质性，对形体进行非常规的变化，采用扭曲、挤压、拉伸、膨胀、分解、错位等手段，用罕见的、扭曲的或怪异的体量追求不平衡和视觉的刺激，都能给人以强烈的视觉冲击。设计者越发偏向于不追求构造的理性和建筑体量的清晰逻辑，建筑内部边界变得破碎多变，界定含混，建筑外部体量更是多种异质元素混杂、相互交织或冲撞，构成反逻辑的、复杂的视觉景象。

3）注重生态、表现有机形态（图3-68）。在处理建筑与自然的关系时，有两个方面要关注：一是建筑形态与自然的关系，表现为地域性和仿生性；二是建筑设计适应环境，即可持续的建造方式，表现为运用高科技的生态建筑。生态建筑是一门综合性的系统工程，是多学科、多工种的交叉，其中的复杂性甚至颠覆了传统的建筑设计方式。这种整合生态的设计理念，促进建筑形态产生大的变异，主要的手法有模仿自然、形态仿生和生态技术的运用等。

模仿自然就是以建筑形态的方式把充满神奇变化的自然表现出来，模仿自然界中叠加、破碎、晶体化、聚集与联合等现象，将孔洞、齿形边缘、透明等形态直接体现在建筑中，蜂巢、鸟巢、肥皂泡等在自然界中常见的事物都可以成为模仿对象。

生态仿生是对生物的形态有着功能上的要求，对生物形态中常见的中心性、辐射、卷动、褶皱、增长等方面进行模仿。中心性、辐射与卷动等形态在花叶、海螺等动植物中常能看到。

生态技术建筑是以计算机为中心的建筑设计、生产和使用过程，生态技术的发展与应用在建筑的使用与所处环境之间建立起交互动态关系。

4）注重表皮材质与肌理（图3-69）。传统建筑中厚重的外墙成为建筑师进行变异的目标，一些当代建筑师或对表皮进行轻、薄、透的处理，使得建筑有消隐感，或用人为的怪异图案或特殊材料装饰表皮，强调表皮的表现力，或使质感成为建筑形态重要的表现对象，关注人对视觉的要求，唤醒人的触觉意识。

图3-68　变异

图3-69　变异（重视表皮和肌理）

5. 形式美法则

（1）和谐、对称与平衡

　　宇宙万物，尽管形态千变万化，但它们都各自按照一定的规律存在，大到日月运行、星球活动，小到原子结构的组成和运动，都有各自的规律。爱因斯坦指出：宇宙本身就是和谐的。和谐的广义解释是：判断两种以上的要素，或部分与部分的相互关系时，各部分所给我们的感受和意识是一种整体协调的关系。和谐的狭义解释是统一与对比两者之间不是乏味单调或杂乱无章。单独的一种颜色、单独的一根线条无所谓和谐，几种要素具有基本的共通性和溶合性才称为和谐。比如一组协调的色块，一些排列有序的近似图形等。和谐的组合也保持部分的差异性，但当差异性表现为强烈和显著时，和谐的格局就向对比的格局转化。

　　自然界中到处可见对称的形式，如鸟类的羽翼、花木的叶子等。所以，对称的形态在视觉上有自然、安定、均匀、协调、整齐、典雅、庄重、完美的朴素美感，符合人们的视觉习惯。平面构图中的对称可分为点对称和轴对称。假定在某一图形的中央设一条直线，将图形划分为相等的两部分，如果两部分的形状完全相等，这个图形就是轴对称图形，这条直线称为对称轴。假定针对某一图形，存在一个中心点，以此点为中心通过旋转得到相同的图形，即称为点对称。点对称又有向心的"求心对称"，离心的"发射对称"，旋转式的"旋转对称"，逆向组合的"逆对称"，以及自圆心逐层扩大的"同心圆对称"等。在平面构图中运用对称法则要避免由于过分的绝对对称而产生单调、呆板的感觉。有的时候，在整体对称的格局中加入一些不对称的因素，反而能增加构图版面的生动性和美感，避免了单调和呆板。

　　在衡器上两端承受的重量由一个支点支持，当双方达到力学上的平衡状态时，称为平衡。在平面构成设计上的平衡并非实际重量乘以力矩的均等关系，而是根据形象的大小、轻重、色彩及其他视觉要素的分布作用于视觉判断的平衡。平面构图上通常以视觉中心（视觉冲击最强的地方的中点）为支点，各构成要素以此支点保持视觉意义上的力度平衡（图3-70，图3-71）。在实际生活中，平衡是动态的特征，如人体运动、鸟的飞翔、野兽的奔驰、风吹草动、流水激浪等都是平衡的形式，因而平衡的构成具有动态。

图3-70　和谐

图3-71　对称

（2）节奏与韵律

节奏本是指音乐中音响节拍轻重缓急的变化和重复。节奏这个具有时间感的用语在构成设计上是指以同一视觉要素连续重复时所产生的运动感。韵律原指音乐（诗歌）的声韵和节奏。诗歌中音的高低、轻重、长短的组合，匀称的间歇或停顿，一定地位上相同音色的反复及句末、行末利用同韵同调的音相加以加强诗歌的音乐性和节奏感，就是韵律的运用。平面构成中单纯的单元组合重复易于单调，由有规则变化的形象或色群间以数比、等比处理排列，使之产生音乐、诗歌的旋律感，称为韵律。有韵律的构成具有积极的生气，是加强魅力的能量（图3-72，图3-73）。

图 3-72　节奏

图 3-73　韵律

（3）视觉重心

重心在物理学上是指物体内部各部分所受重力的合力的作用点，对一般物体求重心的常用方法是：用线悬挂物体，平衡时，重心一定在悬挂线或悬挂线的延长线上；然后握住悬挂线的另一点，平衡后，重心也必定在新悬挂线或新悬挂线的延长线上，前后两线的交点即物体的重心位置。在平面构图中，任何形体的重心位置都和视觉的安定有紧密的关系。人的视觉安定与造型的形式美的关系比较复杂，人的视线接触画面，视线常常迅速由左上角到左下角，再通过中心部分至右上角经右下角，然后回到以画面最吸引视线的中心视圈停留下来，这个中心点就是视觉的重心。但画面轮廓的变化，图形的聚散，色彩或明暗的分布等都可对视觉重心产生影响。因此，画面重心的处理是平面构图探讨的一个重要的方面。在平面广告设计中，一幅广告所要表达的主题或重要的内容信息往往不应偏离视觉重心太远（图3-74）。

（4）对比与统一

对比又称对照，把反差很大的两个视觉要素成功地配列于一起，虽然使人感受到鲜明强烈的感触而仍具有统一感的现象称为对比，它能使主题更加鲜明，视觉效果更加活

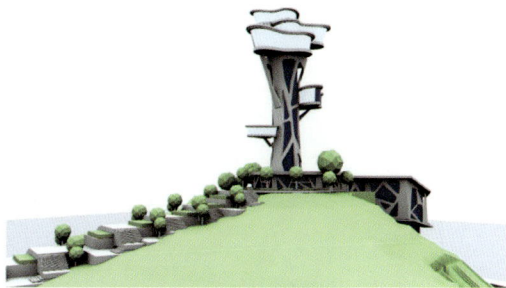

图 3-74　视觉重心（闻一菲）

图 3-75　对比统一

跃。对比关系主要通过视觉形象色调的明暗、冷暖，色彩的饱和与不饱和，色相的迥异，形状的大小、粗细、长短、曲直、高矮、凹凸、宽窄、厚薄，方向的垂直、水平、倾斜，数量的多少，排列的疏密，位置的上下、左右、高低、远近，形态的虚实、黑白、轻重、动静、隐现、软硬、干湿等多方面的对立因素来达到的。它体现了哲学上矛盾统一的世界观。对比法则广泛应用在现代设计当中，具有很大的实用效果（图 3-75）。

（5）比例与分割

比例是指图形与图形间数量的相互对比关系，体现的是各图形要素间部分与部分、部分与整体的数量比值或者倍数关系。比例分为黄金比、根号矩形和数列。把整体或者有联系的图形划分开，以确定合理的比例和形态关系叫分割。在日常生活中分割现象随处可见，如房屋的吊顶、铺设的地板等。分割分成等形分割、等量分割、自由分割、相似形分割、渐变分割、比例与数列分割（图 3-76，图 3-77）。

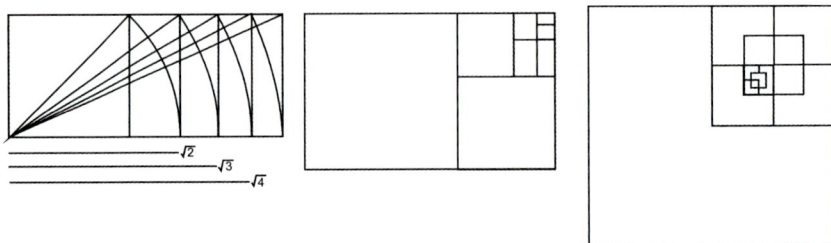

图 3-76　比例与分割

图 3-77

第4章　色彩构成

色彩（color）是什么？色彩是光进入人眼并传至大脑时开始生成的感觉，是光、物、眼、脑的综合产物。色彩是物质因素同时又是一种精神因素，是艺术表现的语言之一。

色彩构成（interaction of color）又称为色彩的相互作用，是将色彩按照构成原理去组合，创造出一种符合目的的新的色彩关系。学会用科学的方法揭示色彩的本来面貌，了解色彩的科学构成；通过理性的视觉训练，达到色彩的自由表现，为专业设计奠定基础，对在设计中的色彩运用有很好的指导作用。

第 1 节　建 筑 与 色 彩

自然界中我们无处不能感受到色彩的存在。湛蓝的天空，碧绿的湖水，火红的太阳，燃烧的晚霞，清凉的明月，我们生活在大自然恩赐的世界里，感受着它的思想，感悟着它的神奇（图 4-1）。

近年来，城市建筑也不再是单调的灰色调了，其色彩日趋丰富，这与新技术、新材料的大量出现是分不开的。新的建筑材料色彩多样，使得建筑师有了更大的选择空间，我们的城市也就变得多彩了。

其实，从人类开始营造房屋，色彩就成了建筑的组成部分。随着社会的发展，色彩还与森严的社会等级制度联系在一起，我国传统木结构建筑，可看作是集建筑与用色之大成了。它用色复杂，色彩鲜艳，并讲究等级制度。如古代官式宫殿建筑采用金色的屋顶，红色的墙柱，青绿色的屋檐，白色的台基，连建筑的彩画都分出等级画法，而平民百姓的民居只能以朴素的灰调为主，这一点在北京体现得最为明显。

建筑色彩还与宗教信仰关系密

图 4-1　色彩斑斓的大自然

切。如佛教信徒认为黄色和金色具有超然万物、万事皆空的内涵。于是信奉佛教的僧侣住在黄色或金色屋顶的寺庙里，披着黄色的僧袍，寺内的佛像也被饰以金粉，成为金身。

因为大自然中绿色较多，人们可以很方便的享受它，所以在我们的设计中很少将建筑设计为绿色，可是，清真寺的圆顶和尖塔就采用绿色材料装饰。这与阿拉伯人久居沙漠，渴望绿洲的心理有关，因此伊斯兰教一向都敬重、珍视绿色。

色彩在建筑中还有很多象征意义。例如我国的阴阳五行说把金、木、水、火、土用不同颜色代表，依次对应的色彩是黄色、黑色、青绿色、朱色、白色；还以这五种颜色代表不同方位，有前（南）朱雀，后（北）玄武，左（东）青龙，右（西）白虎之说，南北东西分别以红、黑、青、白表示。

色彩在现代工业建筑中也有很大作用，例如，用简单的色彩来区分不同功能的管道，以红色表示危险，黄色表示警戒，绿色表示安全等。

要协调好建筑与环境的关系，设计师就要学习色彩构成的基础知识，掌握色彩组合的规律，从美学角度出发，探求色彩对形体塑造的协调美观作用，在创造中灵活地运用色彩。

第2节 色彩基础知识

一、光与色

17世纪以前，色彩被误认为是物体的一种属性，后来牛顿通过棱镜实验（图4-2），揭开了色彩来源于光的奥秘，确立了光是色彩形成的主要原因。光源发出的光，是直接或通过物体的反射后间接进入人们视觉感官的。光的波长有长有短，各种物体对不同波长的光的反应是有选择的，同时具有吸收和反射的功能。有的物体受光后，会将不同波长的光全部反射出来，这个物体在视觉上呈现为白色，相反就成黑色；有的物体如只反射红色波长的光，而吸收了其他波长的光，那这物体就是红色的。依此类推，各种物体的色彩现象就是这样显现出来的。由此可见，物体本身并不具有色彩，而是光投射到物体后，通过吸收和反射加之视觉的映射才产生色彩的。

光源，即发光体，是物体颜色的本源。色彩的产生与发光体有着密切的联系。光是自然的产物，太阳是自然界主要的发光体，太阳产生各种波长的光，可称为自然光。现实生活中还有各种人造光，如各种照明材料。

图4-2　色散现象示意图

二、色彩的属性

每个色彩，都具有形成色彩个性特征的某些要素。如何巧妙地在调色板上调配出丰富复杂的色彩，达到色彩表现的预期效果，这需要画家对色彩的各种要素有所了解和研究。

1. 色彩的分类

自然界的色彩从理论上大致分为两大类：无色彩（黑、白、灰）与有色彩（红、橙、黄、绿、蓝、紫）两大类。同时色彩根据人类的心理感受和视觉判断，色彩有冷暖之分，可分为三个类别：暖色系（红、橙、黄），冷色系（蓝、绿、蓝紫），中性色系（绿、紫、赤紫、黄绿等）。

2. 色彩的属性

色相（Hue）是指色彩的相貌，它是色彩的名称，如红、橙、黄、绿、青、蓝、紫等，决定色相的因素是光波波长，不同的色相有不同的波长。将色相按波长进行循环排列就形成了色相环，它是研究色彩的重要工具。最早的是瑞士的约翰内斯·伊顿的12色相环（图4-3）。

明度（Value）是指色彩的明亮程度。物体表面反射的光因波长不同而呈现不同的色相，由于反射同一波长的光量不同而使物体明暗有区别。这就是明度的差距。在无彩色系中，白色明度最高，黑色最低，黑白之间是一系列的灰色，一般分9级（图4-4）。在有彩色系中，黄色明度最高，蓝色则最低。任何颜色中加入白色，都会提高色的明度；加入黑色则情况相反（图4-5）。

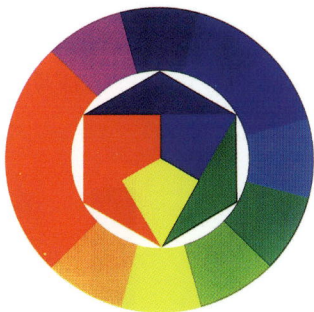

图4-3　伊顿的色相环　　　　图4-4　明度在白、黑色之间存在一个系列的灰色，一般分为9级

纯度（Chroma）是指色彩的纯净程度或饱和度。某种色彩在饱和的状态下就是该色的标准色。纯度最高的是纯色，最低是灰色。纯色加白或黑，可以提高或减弱其明度，但都会降低它们的纯度。如加入中性灰色，也会降低色相纯度（图4-6，图4-7）。

3. 色的混合

不同色相混合可以产生新色相，不能用其他色混合而成的叫原色。色光中红、绿、蓝，称为三原色。颜料的三原色

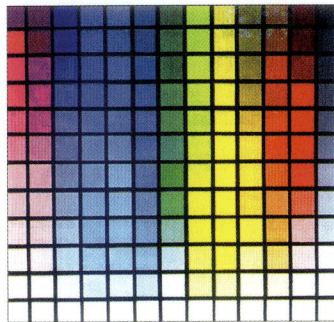

图4-5　全面色相的明度区别

为红、黄、蓝。原色是色彩中最纯正、鲜明、强烈的基本色，用三原色可以调配出其他各种色相的彩。

图 4-6　PCCS 等色相面　　　　图 4-7

色彩的混合可分为加色混合、减色混合、中性混合。

1）加色混合：即色光混合，混合后色光明度增加，如红光与绿光等量混合形成黄光，蓝光与绿光等量混合形成蓝绿光，色光的三原色等量混合就形成白色（图 4-8）。改变混合的比例，就改变了亮度，并形成新的色光。

2）减色混合：即物质颜料的混合，混合后明度降低，混合次数越多，明度越低，所以称为减色混合。如红与黄混合为橙，黄与蓝混合为绿，三原色等量混合形成明度最低的黑色（图 4-9，图 4-10）。

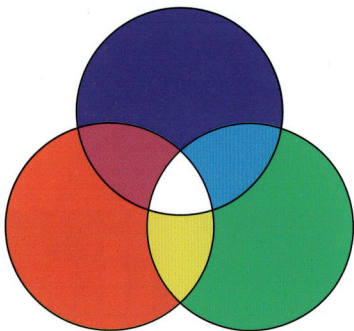

图 4-8　色光的三原色　　　　图 4-9　色料的三原色　　　　图 4-10　色相明度的渐变

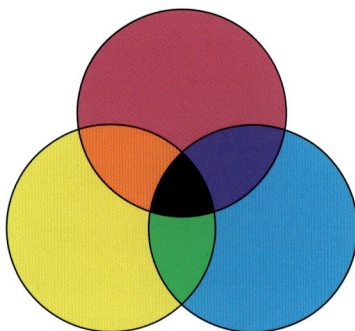

3）中性混合：把颜色放到圆盘上，让圆盘旋转，各种颜色就会混合成一种新的颜色。由于这种混合与颜料混合效果接近，但明度却不像混色那样明度降低，也不如色光混合那样，混合越多明度越高，所以称之为中性混合。由于它是动态的混合，不易把握，我们接触更多的是中性混合中的空间混合。

　　空间混合是在画面上把多种颜色并置，退后到一定距离后，画面呈现出新的混合效果。这种混合使画面更丰富多彩，具有一种跃动感，明度比减色混合要高一些（图4-11，图4-12）。

图 4-11　空间混合构成

图 4-12　空间混合构成

三、色立体

为了系统解决色彩的识别和表示方法，色彩学家按照色相、明度、纯度的科学关系，将不同颜色进行分类编目，使复杂的色彩形成与色彩三种属性及其匹配关系的三维结构图，这就是色立体。它使色彩的标准统一了起来，使复杂的色彩关系在我们的大脑中形成立体的概念。给色彩分类的方法很多，其中美国色彩学家孟赛尔的孟赛尔色立体和德国科学家奥斯特瓦德的奥氏色立体影响最大。

1. 孟塞尔色立体

孟塞尔色立体以色彩的三属性为基础，从心理学的角度，根据颜色的视知觉特点所制定的标色系统。目前国际上普遍采用该标色系统作为颜色的分类和标定的办法。孟氏色立体的中心轴无彩色系从白到黑分为 11 个等级，黑色在底部，白色在顶部。在孟塞尔系统中，颜色样品离开中央轴的水平距离代表饱和度的变化，称之为孟塞尔彩度。彩度也是分成许多视觉上相等的等级。中央轴上的中性色彩度为 0，离开中央轴越远，彩度数值越大。该系统通常以每两个彩度等级为间隔制作一颜色样品。各种颜色的最大彩度是不相同的，个别颜色彩度可达到 20（图 4-13～图 4-15）。

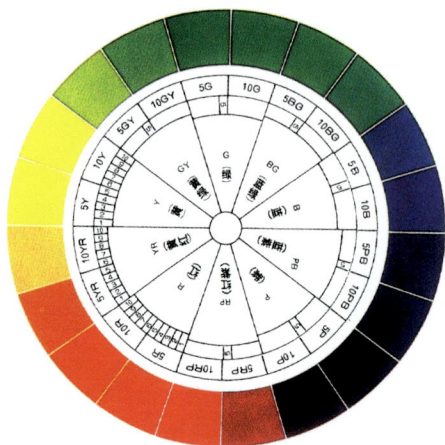

图 4-13　孟塞尔色环

图 4-14　孟塞尔色立体

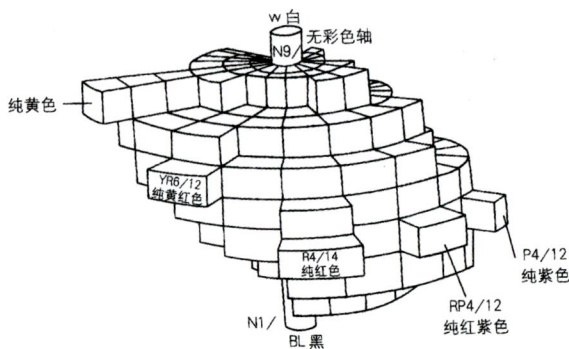

图 4-15　孟塞尔色立体模型示意图

2.奥斯特瓦德色立体

奥斯特瓦德色立体是由德国科学家、色彩学家奥斯特瓦德创造的，其色环为24色（图4-16）。色立体依据色彩的色相、明度、纯度变化关系，借助三维空间，用旋围直角坐标的方法，组成一个类似球体的立体复圆锥体模型（图4-17）。这种色彩体系不需要很复杂的光学测定，就能够把所指定的色彩符号化，为美术家的实际应用提供了工具。

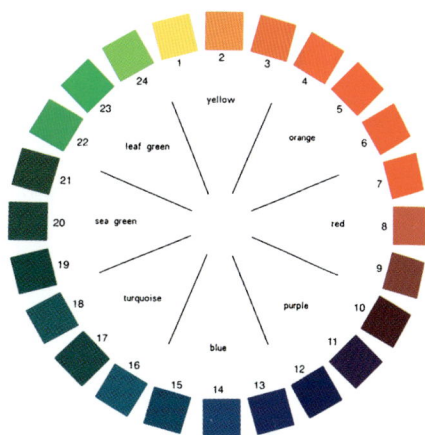

图 4-16 奥斯特瓦德的 24 色色环

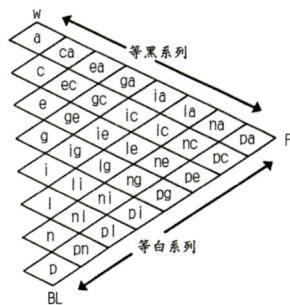

图 4-17 奥斯特瓦德色立体

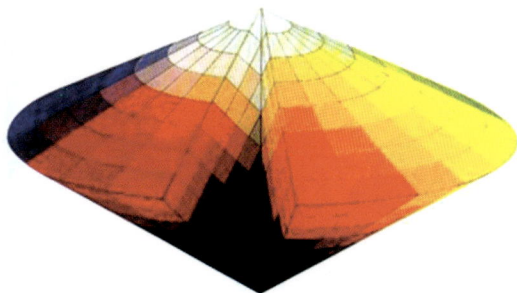

第 3 节 色 彩 的 对 比

对比意味着色彩的差别，差别越大，对比越强，相反就越弱。所以在色彩关系上，有强对比与弱对比的区分。如红与绿、蓝与橙、黄与紫三组补色，是最强的对比色。在他们之中，逐步调入等量的白色，那就会在提高它们明度的同时，减弱其纯度，成为带粉的红绿、黄紫、橙蓝，形成弱对比。如加入等量的黑色，也就会减弱其明度和纯度，形成弱对比。在对比中，减弱一个色的纯度或明度，使它失去原来色相的个性，两色对比程度会减弱，以至趋于调和状态（图4-18）。色彩的对比因素，主要有下述几个方面。

一、色相对比

两种以上色彩组合后，由于色相差别而形成的色彩对比效果称为色相对比。对比强弱程度取决于色相之间在色相环上的距离（角度），距离（角度）越小对比越弱，反之则对比越强。我们把这种对比粗略地分为强、中、弱三种对比。

图 4-18　色彩对比

　　强对比：在色环中 120°～180° 角的两个色对比，是对比强烈的色彩（180° 的为补色对比），如红与黄绿、红与青、黄绿与红紫色对比等。强对比视觉冲击力强，色彩丰富、饱满，但也不易统一而感杂乱、刺激、造成视觉疲劳，甚至产生幼稚、不安定、不协调的感觉。一般需采取多种调和手段来改善对比效果（图 4-19，图 4-20）。

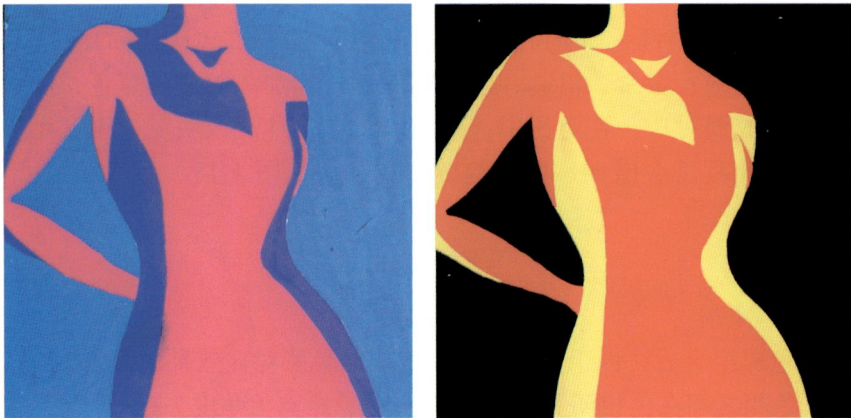

图 4-19　强对比

图 4-20　强对比

中对比：在色环中 60°～120° 角的两个色对比，也称调和对比，效果较丰富、活泼，但又不失统一、雅致、和谐的感觉（图 4-21）。

图 4-21　色相中对比

弱对比：在色环中 0°～60° 角的两个色对比，效果柔和、统一，感觉和谐、安静，但处理不好也会产生呆板、单调的效果（图 4-22）。

图 4-22　弱对比

二、明度对比

明度对比在色彩构成中占有重要位置，对色彩的层次，空间感等主要靠明度对比来表现，因此，它是建筑设计中处理色彩的基础。明度对比构成包括三个方面：明度标尺，明度三个基调及心理效应，明度九种调式。

1. 明度标尺度

用从黑到白 11 个渐次变化的明度阶段来衡定各种色相的明度值（图 4-23 ）。如 0～3 为低明度基调，4～6 为中明度基调，7～10 为高明度基调。

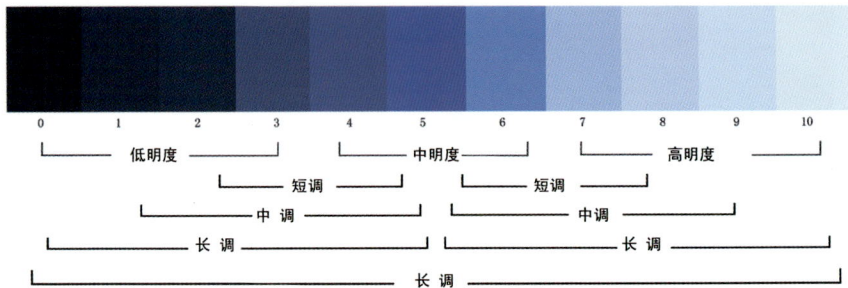

图 4-23　明度对比基调

2. 明度基调及心理效应

根据明度标尺上的明度位置可划分为低、中、高三个基调，其对应的心理感受如下：

低明度基调（0～3），表达沉静、厚重、迟钝、忧郁之感。

中明度基调（4～6），表达柔和、甜美、稳定之感。

高明度基调（7～10），表达明亮、轻快、优雅、纯洁之感。

明度对比的强弱又分为长调、中调、短调三种。长调是间隔大于5级以上的强对比，具有强烈、刺激的特点；中调是间隔在3～5级的中对比，具有明确、爽快的感觉；短调是间隔在3级以内的弱对比，有着含蓄、模糊的特点。

3. 明度九种调式

为了便于研究明度变化关系，人们往往把复杂的明度配色关系归纳为九种调式，每个调子中选用一个级调为主调另配两个明度色构成，其对应的心理感受也不同。如：高长调—明快；高短调—轻柔；中长调—强壮；中短调—沉闷；低长调—威严；低短调—忧郁；中高短调—希望；中低短调—低沉；最长调—强烈。然而明度对比调子极少单独使用（图4-24）。一般与色相结合，其表情是一种升华，更加丰富和深刻（图4-25）。

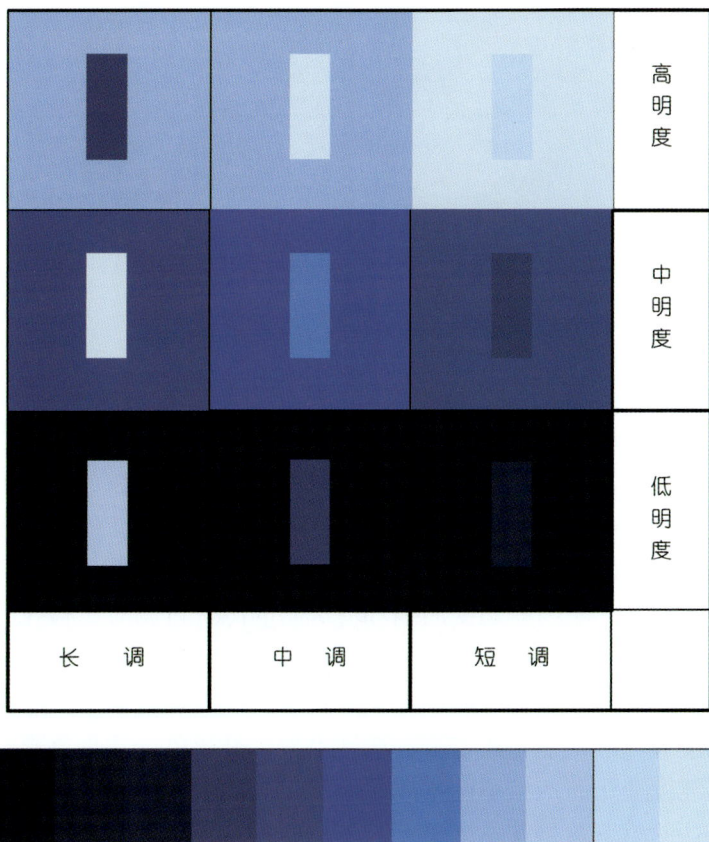

图4-24　明度对比的九种调子

图 4-25　明度对比

三、纯度对比

纯度对比是指色彩的鲜明与混浊的对比。高纯度的色彩，有向前突出的视觉特性，低纯度的色彩则相反。运用不鲜明的低纯度色彩来做衬托色，鲜明色就会显得更加强烈夺目。如果将纯度相同，色面积也差不多的红绿两对比色并列在一起，不但不能加强其色彩效果，反而会互相减弱。如将绿色调入灰色来减弱纯度，红色才会在灰绿的衬托对比中更加鲜明。我们在雨天街头观察行人使用的五颜六色的雨披和雨伞，那鲜艳纯净的色彩异常醒目、美丽，其原因就是受周围环境沉暗的冷灰色调对比衬托的缘故。相同的颜色，在不同的空间距离中，可以产生纯度的差异与对比。如观察处在近、中、远不同距离的三面红旗，近处的红旗是鲜明的；中景位置的红旗与近景中的红旗相比，则呈含灰的紫色；远景中的红旗，在相比之下，纯度更差，呈灰色。这是色彩因空间关系的变化，反映出色彩纯度变化而产生空间距离感。一个画面中，以纯度的弱对比为主的色调是幽雅的，所表达的感情效果基本上是宁静的；相反，纯度的强对比，则具有振奋、活跃的感情效果（图 4-26）。

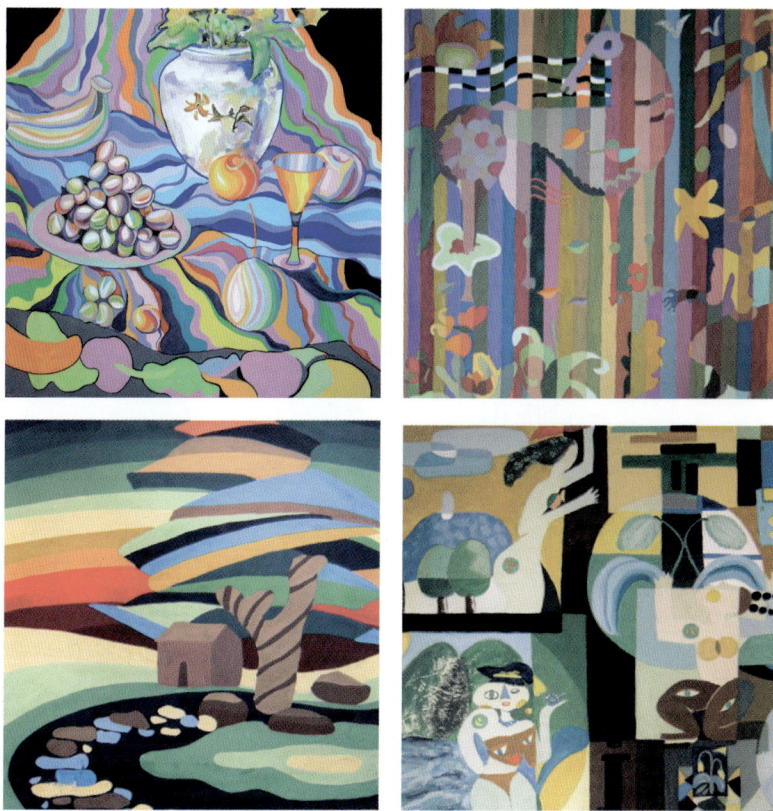

图 4-26　纯度对比

四、冷暖对比

　　色彩的冷暖感觉是物理、心理、生理等综合因素所决定的。如红、橙、黄等暖色易使人想到阳光、火、温暖、热烈、喜庆等；而看到蓝、绿、紫等冷色则会想到黑夜、冰雪、寒冷、清爽等（图 4-27，图 4-28）。

图 4-27　春夏秋冬

图 4-28　春夏秋冬

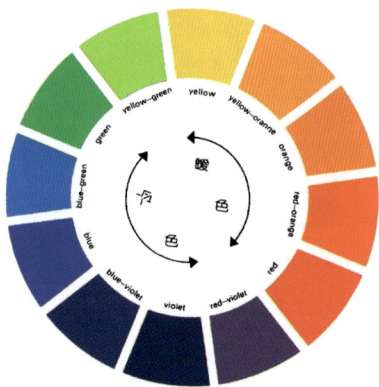

图 4-29　12 色的冷暖色相环

　　根据孟塞尔色环中的十个主要色相，由极暖到极冷分六个区域（图 4-29），其中橙色是极暖色，红、黄是暖色，红紫、黄绿是偏暖的中性色；蓝色是极冷色，蓝紫、蓝绿是冷色，紫、绿是偏冷中性色。

　　色彩冷暖倾向是相对的，要在两个色彩相对比的情况下显示出来。色彩的冷暖感还和纯度、明度有关。黑色比白色暖，而含有白色的明色比暗色冷。在高纯度色彩的影响下，物体色的冷暖感觉会得到加强，暖色会更暖，冷色会更冷；相反，纯度降低冷暖感觉则会减弱。在色彩应用设计中，把冷暖对比运用得好，能取得无限美妙的效果（图 4-30，图 4-31）。

图 4-30　色彩的对比

图 4-31　色彩的对比

五、面积与位置对比

　　面积对比是指各种色彩在画面构图中所占面积比例多少而引起的明度，色相，纯度，冷暖对比关系（图 4-32，图 4-33）。对比双方的属性不变，一方增大面积，取得面积优势，对视觉的刺激力量加强，而另一方缩小面积，将会削弱色彩的地位（图 4-34）。因此，色彩的大面积对比可造成眩目效果（图 4-35）。如在环境艺术设计中，一般建筑外墙、室内墙壁等都选用高明度、低纯度、对比弱的色彩，以减低对比的强度，造成明快、舒适的效果。

　　在中等面积色彩对比时，如家具，窗帘等多选择中纯度，中明度及中等程度的对比，能引起视觉长时间的兴趣（图 4-36）。

图 4-32　面积与位置对比

图 4-33　面积与位置对比

图 4-34　冷色占主导地位

图 4-35　大面积对比

图 4-36　中等面积对比

在小面积的色彩对比时，如小包装，小商品等，可选用纯度高，对比强的色彩。

六、色彩的肌理对比

色彩与物体的材料性质、形象表面纹理关系很为密切，影响色彩感觉的是其表层触觉质感及视觉感受（图4-37）。物体表层肌理不太光滑且较平润的，色彩就较稳定统一，固有色也明显。如果肌理是表面粗糙不平有高低起伏，或表面非常光滑，反映出来的色彩富有变化，有闪动感。同一颜色，涂在不同肌理表面，它们的色彩纯度与明度就会有区别。如观察比较同一色彩的光滑的纸、布、呢绒、绸缎，由于肌理不同，给人的色彩感觉也不会相同。纸和绸缎表面肌理光滑，受周围物体色彩的影响明显，色彩的明度、纯度及冷暖变化较大，因为绸缎有闪光感。表面比较粗糙的呢绒，固有色明显，色彩统一单纯，明度比布要暗。

图4-37　肌理对比

第4节 色彩的调和

色彩调和，就是色彩性质的近似，是指有差别的、对比的甚至不协调的色彩关系，经过调配整理、组合、安排，使画面中产生整体的和谐、稳定和统一。

色彩调和的本意是与色彩对比相对而言的，没有对比也无所谓调和。两者既互相排斥，又互相依存，相辅相成，相得益彰。对比是绝对的，但过分对比的配色，使人产生视觉的疲劳，精神上的紧张，烦躁不安，需要加强共性因素来进行调和。

色彩调和构成的基本方法很多主要有：

单色调调和——各种颜色中都混入同一种色相来调和，其目的是减弱色彩诸要素的对比强度，使色彩关系趋向近似而产生调和效果。

同明度调和——同明度，不同色相、纯度的颜色有机地组合在一起。

同纯度调和——同一纯度，不同色相、不同明度的颜色配合。

秩序调和——对比强烈的色彩进行有序配合，多用明度、纯度推移，冷暖色调推移等手法（图4-38）。

图4-38　推移

类似色调和——双方色彩中色相、纯度、明度等色彩因素十分近似，对比特征不明显，在色彩搭配中选择他们之间共同的色素来组合，属于调和的色彩关系。如相邻色绿与蓝绿、绿与黄绿、黄与黄绿；类似色如深红、大红、玫瑰红、朱红等。无论什么颜色，与无彩色的黑、白、灰配置在一起时，都可以产生调和效果。

面积比例调和——通过色彩面积大小变化，加强要重点表达的情绪，达到画面的主从关系调和，点缀调和，对比调和等。它适宜表达舒畅、静寂、含蓄、软弱、柔美、朴素、幽雅、沉默等情调（图4-39～图4-41）。

图4-39　比例调和

图4-40　面积比例调和

图 4-41　面积比例调和

　　以上所谈及的知识和色彩对比调和的一些方法，实际上只能起到一些启发作用。有关色彩各种形式的对比与各种方法的调和，是非常复杂的，它们表达的主题与感情也是十分广泛的。我们只有在真正具有色彩的基础能力后，不断地在色彩实践中举一反三，逐步深入领会色彩的对比、谐调规律，才能充分发挥色彩的表现力与感染力。

第 5 节　色彩的心理效应和性格

一、色彩的心理效应

　　1. 色彩的温度感（参照冷暖对比）

　　2. 色彩的重量感

　　色彩的重量感主要与色彩的明度有关。明度高的色彩显得轻，使人联想到蓝天、白云、彩霞以及许多花卉，还有棉花、羊毛等。产生轻柔、飘浮、上升、敏捷、灵活等感觉。明度低的色彩易使人联想铸铁、岩石、淤泥等物品，产生沉重、稳定、降落等感觉。

　　在室内设计的构图中常以此达到平衡和稳定的需要，以及表现性格的需要如轻飘、庄重等。地面明度纯度低，显得重，天空明度高，显得轻（图 4-42，图 4-43）。

图 4-42　轻重感

图 4-43　轻重感

3. 色彩的空间感

色彩的空间感觉体现在远近、大小的对比上，主要受色相和明度两个因素的影响。一般暖色、纯色、高明度色、强烈对比色、大面积色、集中色等有前进感、膨胀感，相反，冷色、浊色、低明度色、弱对比色、小面积色、分散色等有后退感、收缩感（图 4-44）。

图 4-44　空间感

4. 色彩的软硬感

其感觉主要也来自色彩的明度，与色相无关，但与纯度也有一定的关系（图4-45）。明度越高感觉越软，明度越低则感觉越硬。明度高、纯底低的色彩有软感，中纯度的色也呈柔感，因为它们易使人联想起猫、狗等好多动物的皮毛，还有毛呢，绒织物等。高纯度和低纯度的色彩都呈硬感，如它们明度又低则硬感更明显。

图4-45　软硬

5. 色彩的华丽、质朴感

色彩的三要素对华丽及质朴感都有影响，其中纯度关系最大。一般来说，暖色、明度高、纯度高的色彩，加之配色丰富、对比强烈，会给人感觉华丽、辉煌（图4-18）。冷色、明度低、纯度低的色彩，用色单纯、对比不明显的色彩给人感觉质朴、古雅。但无论何种色彩，如果带上光泽，都能获得华丽的效果。

6. 色彩的味觉感

色彩本身是没有味道的，色彩的味觉只是色彩信息引起的一种味觉的联想，它与对物体的实际体验和视觉经验有关。如桃子是粉红色的，而桃子是甜的，因此粉红色的味觉就是甜味的；辣椒是红的或绿色的，所以红和绿的配色可以配出辣味感；胆汁是墨绿色，茶褐色有苦味，所以墨绿色和茶色可配出苦味感；柠檬色和黄绿色则有酸味感。橙色是色彩中最温暖的颜色，易于被人所接受，一些成熟的果实和富于营养的食品多呈橙色，因此这种色彩又易引起营养、香甜的联想，并易引起食欲（图4-46）。

图4-46　橙色为主色调的餐饮建筑，切合着丰收的金秋色彩

7. 色彩的兴奋与沉静感

影响最明显的是色相，红、橙、黄等鲜艳而明亮的色彩给人以兴奋感，看见红色会想到具体的太阳、火焰、红旗、血，还会进一步想到喜庆、热烈、革命、幸福、幼稚、危险；蓝、蓝绿、蓝紫等色使人感到沉着、平静（图4-47，图4-48）。看见绿色会想到草地、树叶、春天，还会想到和平、理想、新鲜、成长；绿和紫为中性色，没有这种感觉。

图4-47　暖色让人兴奋，冷色使人沉静

图 4-48　暖色让人兴奋，冷色使人沉静

　　纯度的关系也很大，高纯度色兴奋感，低纯度色沉静感。最后是明度，暖色系中高明度、高纯度的色彩呈兴奋感，低明度、低纯度的色彩呈沉静感。

二、色彩的性格

　　色彩能有力地表达情感，它通过人的视觉感官在不知不觉中影响着人们的精神、情绪和行为。随着人们生活水平的提高大家已经越来越重视色彩心理在医疗保健、教育、餐饮娱乐、商业促销、交通运输以及建筑装饰等设计方面的实际应用。恰当的运用色彩对人的感觉作用，可以促进身心健康、营造舒适氛围、提高工作学习效率，有助产品推广、增加生活乐趣甚至减少事故发生。

　　红色：红色是一种刺激性特强，引人兴奋且能给人留下深刻印象的色彩。由于红色对人的视觉刺激强，同时容易使人联想到血和火焰，所以红色代表生命、热情和活力，使人感觉富于朝气，有种蓬勃向上的诱导力。在我们传统观念中，红色往往与吉祥、好运、喜庆相联，红色便成为一种节日和其他庆祝活动中的常用色。然而在某种情况下，红色又让人产生恐怖、危险及至骚动不安的感觉。

　　橙色：橙色是黄色与红色的混和色，也是属于激奋色彩之一，代表温馨、活泼、热闹，给人感觉明快感。橙色与其它色彩搭配时 淡化的橙色失去其生动的特性，加深的橙色能取得最大的温暖度和最活跃的视觉效果。

　　黄色：黄色是一种快乐且带有少许兴奋性质的色彩，它代表明亮、辉煌、醒目和高贵，使人感觉到愉快，是非常明亮和娇美的颜色，有很强的光感，具有极强的视觉效果。

　　绿色：绿色是介于黄蓝之间的色彩，既有黄色的明朗，又有蓝色的沉静，两者柔和，使绿色在宁静、平和之中又富于活力。绿色是大自然的色彩，具有平衡人类心理的作用。绿色的转调领域非常广阔。

蓝色：蓝色属冷色，它沉静、清流澈净，往往具有理智的特性。代表宁静、清爽、冰凉、理智等，使人产生高远、空灵、静默清高、远离世俗、清净超脱的感觉。

紫色：紫色是一种很难使用的色彩，代表神秘、高贵、威严，给人以优雅、雍容华贵之感。提高紫色的明度，可产生妩媚、优雅的效果，而降低紫色的明度则容易失去其光彩。

白色：白色是给人以纯洁印象的色彩，代表和平、纯洁。这种色彩具有显示任何魅力的作用。

黑色：黑色在视觉上是一种消极性的色彩。一方面黑色象征着悲哀肃穆、死亡、绝望；另一方面，则给人以深沉、庄重、坚毅之感。黑色与其他颜色的搭配，可以使设计获得生动且极有份量的效果。往往能形成极大的视觉冲击力。

灰色：指黑与白按1:1混合后形成的没有色相感的颜色，属于中性色彩。视觉上有一种软弱无力感。

色彩构成的综合作品欣赏（图4-49～图4-54）。

图 4-49

图 4-50

图 4-51

图 4-52

图 4-53

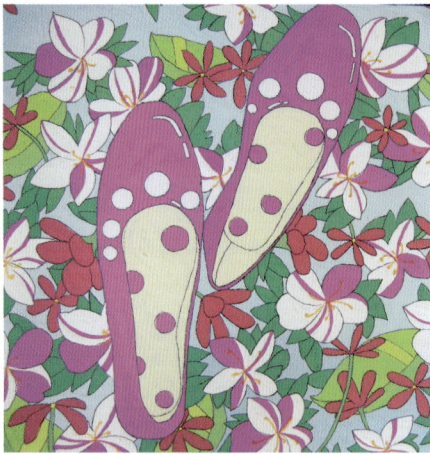

图 4-54

参 考 文 献

[1] 南舜薰，辛华泉．建筑构成．北京：中国建筑工业出版社，1990．

[2] 《建筑设计资料集》编委会．建筑设计资料集．2 版．北京：中国建筑工业出版社，1994．

[3] 赵殿泽．构成艺术．沈阳：辽宁美术出版社，1996．

[4] ［美］弗郎西斯·ＤＫ钦．建筑：形式·空间和秩序．邹德侬，方千里，译．北京：中国建筑
工业出版社，1987．

[5] 同济大学建筑系建筑设计基础教研室．建筑形态设计基础．北京：中国建筑工业出版社，1981．

[6] 彭一刚．建筑空间组合论．2 版．北京：中国建筑工业出版社，1998．

[7] 王建国．城市设计．南京：东南大学出版社，1999．

[8] ［日］渊上正幸．世界建筑师的思想和作品．覃立，黄衍顺，徐慧，等，译．北京：中国建筑工业出
版社，2000．

[9] ［意］路易吉·戈左拉．凤凰之家—中国建筑文化的城市与住宅．刘临安，译．北京：中国建筑工业
出版社，2003．

[10] 刘育东．建筑的涵义．台北：胡氏图书出版社，1996．

[11] ［美］卡米洛·乔斯·维盖拉．双子塔的追忆．徐怡涛，译．北京：中国建筑工业出版社，2001．

[12] 《中国摄影》编辑部．中国摄影．北京：中国摄影出版社，2001（3）．

[13] 《设计新潮》编辑部．设计新潮．2002（8）：101．

[14] 建筑与设计．雷尼国际出版有限公司，2001．

[15] 黄健敏．贝聿铭的艺术世界．北京：中国计划出版社，1996．

[16] 《世界建筑》编辑部．世界建筑．2002（3）-2011（8）．

[17] 《建筑学报》编辑部．建筑学报．2011（8）．

[18] ［英］西拉里·弗伦奇．建筑．刘松涛，译．北京：生活·读书·新知三联书店，2002．

[19] 赵志生，王天祥．立体构成．重庆：重庆大学出版社，2002．

[20] 于洋，张晓韩．色彩构成．北京：北京理工大学出版社，2009．

[21] 王大虎．平面构成基础．北京：中国社会出版社，1997．

[22] 周薇．色彩构成基础．北京：中国社会出版社，1997．

[23] 雷印凯．平面构成设计基础．沈阳：辽宁美术出版社，1994．

[24] 约翰内斯·伊顿．色彩的艺术．上海：人民美术出版社，1985．

[25] 刘宝岳，董雅．色彩构成设计．北京：中国建筑工业出版社，1999．

[26] 《a+a 建筑艺术》编辑部．a+a 建筑艺术．2011（6）．

[27] 《建筑技艺》编辑部．建筑技艺．2011（9）-2011（10）．

[28] 格鲁伯．21 世纪博物馆——概念·项目·建筑．常玲玲等，译．大连：大连理工大学出版社，
2008．